Schutzfermente
des tierischen Organismus.

Schutzfermente des tierischen Organismus.

Ein Beitrag zur Kenntnis der Abwehrmaßregeln des tierischen Organismus gegen körper-, blut- und zellfremde Stoffe.

Von

Emil Abderhalden,
Direktor des Physiologischen Institutes der Universität
zu Halle a. S.

Mit 8 Textfiguren.

Berlin.
Verlag von Julius Springer.
1912.

ISBN-13: 978-3-642-98903-2   e-ISBN-13: 978-3-642-99718-1
DOI: 10.1007/978-3-642-99718-1

Copyright 1912 by Julius Springer.
Softcover reprint of the hardcover 1st edition 1912

Meinen treuen Mitarbeitern.

Vorwort.

Im Jahre 1906 habe ich in meinem Lehrbuche der physiologischen Chemie den Versuch unternommen, die Abwehrmaßregeln des tierischen Organismus gegen die durch körperfremde Zellen erzeugten Produkte mit Stoffwechselvorgängen der einzelnen Körperzellen in Zusammenhang zu bringen. Ich stellte mir vor, daß die Körperzellen nach dem Eindringen körper-, blut- und zellfremder Substanzen nicht mit Gegenmaßregeln antworten, die den Organ- und Blutzellen vollständig neuartig sind. Ich suchte vielmehr die ganze Frage der sog. Immunitätsreaktionen in enge Beziehungen zu Prozessen zu bringen, die den Zellen vertraut und daher geläufig sind. Von den dort gegebenen Gesichtspunkten aus habe ich das Problem der Verteidigung des tierischen Organismus gegen das Eindringen körper-, blut- und zellfremden Materials experimentell in Angriff genommen und zunächst die Frage geprüft, ob das Blutplasma normalerweise bestimmte Fermente enthält, und ob nach Zufuhr von fremdartigem Material sich in diesem solche nachweisen lassen, die vorher fehlten. Es ergab sich, daß in der Tat nach der

— VIII —

Zufuhr von körperfremden Stoffen Fermente im Blutplasma erscheinen, die imstande sind, diese fremdartigen Produkte abzubauen und dadurch ihres spezifischen Charakters zu berauben. Damit war in einwandfreier Weise wenigstens eine Abwehrmaßregel des tierischen Organismus gegen das Eindringen fremdartiger Stoffe klargestellt.

Ich habe sofort der Beziehungen dieser Befunde zur Immunität und speziell auch zur Anaphylaxie gedacht und bin ferner experimentell der Frage näher getreten, ob der tierische Organismus für die von Mikroorganismen abgegebenen Stoffe Fermente spezifischer Natur mobil macht. Ferner interessierte mich die Frage, ob die beim Abbau der einzelnen Substrate sich bildenden Abbaustufen von Fall zu Fall, je nach der Art der dem Organismus fremden Zellen besonderer Natur sind und dadurch sich vielleicht mancherlei Erscheinungen, die im Gefolge bestimmter Infektionen auftreten, erklären lassen.

Schließlich konnte bei der Schwangerschaft der Nachweis erbracht werden, daß der Organismus sich der zwar arteigenen, jedoch blutfremden Bestandteile, die dem Blute von den Zellen der Chorionzotten aus zugeführt werden, ebenfalls mittels Fermenten erwehrt. Diese Beobachtung ermöglicht eine Erkennung der Schwangerschaft.

Eine Fülle von einzelnen Problemen schließt sich den erhobenen Befunden an. Fragestellungen aller Art aus dem Gebiete der Immunitätsforschung harren der

Lösung. Ohne Zweifel steht manche bereits bekannte Tatsache mit unseren Befunden in engster Beziehung. Es wäre verlockend, schon jetzt aus der Fülle von Einzelbeobachtungen das herauszugreifen, was geeignet ist, der von mir vertretenen Anschauung über das Wesen der Abwehrmaßregeln des tierischen Organismus gegen die Invasion körperfremder Stoffe und Zellen allgemeinere Bedeutung zu geben. Ich habe vorläufig davon Abstand genommen, weil allein schon die Aufzählung verwandter Beobachtungen und vor allem eine Diskussion all der gegebenen Erklärungsversuche den Umfang des kleinen Werkes außerordentlich vergrößert und ferner auch die Übersichtlichkeit der Darstellung gestört hätte. Dazu kommt noch, daß es für den auf dem Gebiete der speziellen Immunitätsforschung nicht aktiv Mitarbeitenden außerordentlich schwer ist, sich in all die im Laufe der Zeit mitgeteilten, oft wechselnden Vorstellungen und Theorien hinein zu denken und vor allem in der zum Teil recht mannigfaltigen Ausdrucksweise und Nomenklatur sich zurecht zu finden. Theorie und tatsächlich Festgestelltes bilden auf diesem Forschungsgebiete ein ganz besonders inniges Gewebe, so daß es nur dem durch unmittelbare Mitarbeit mit allen Problemen dieses Gebietes Vertrauten möglich sein dürfte, die Grenze zwischen Hypothese und Tatsache scharf zu ziehen. Ich habe mich aus diesen Gründen damit begnügt, diejenigen Arbeiten zu nennen, die entweder eng mit meinen Forschungen zusammenhängen oder durch umfassende Literaturübersichten ge-

— X —

eignet sind, dem Leser als Quelle zu weiteren Studien auf den erwähnten Forschungsgebieten zu dienen. Nur durch diese Beschränkung war es möglich, ein, wie ich hoffe, klares Bild der Eintwicklung meiner eigenen Forschungen zu geben und zu zeigen, auf welchem Wege ich zur Feststellung der gegen die fremdartigen Stoffe mobil gemachten Fermente gekommen bin. Ferner soll im Zusammenhang dargestellt werden, von welchen Vorstellungen ausgegangen wurde, und welche Ausblicke sich auf verschiedene Forschungsgebiete eröffnen.

Die vorliegende zusammenfassende Darstellung ist erfolgt, weil ein Teil der experimentell in Angriff genommenen Probleme in letzter Zeit so weit gefördert worden ist, daß ein Rückblick auf die in zahlreichen Veröffentlichungen niedergelegten Beobachtungen mir nützlich erschien, und ferner vor allem das weitere Studium der einzelnen Fragestellungen Institute erfordert, die über Mittel und Einrichtungen verfügen, wie sie mir nicht zu Gebote stehen. Der Einzelne vermag bestimmte Probleme immer nur bis zu einem gewissen Punkte zu fördern. Er übernimmt das von den verschiedensten Seiten bis zu einer bestimmten Höhe aufgeführte Gebäude. Er prüft, ob das Gerüstwerk — die vorhandenen Arbeitshypothesen — noch weiter ausreicht oder aber durch ein neues ersetzt werden muß, und vor allem stellt er fest, ob der Bau selbst fest gefügt ist. Dann baut er weiter, zumeist nur ein winziges Stück. Leicht verbaut der Einzelne sich durch ein zu mannigfaltig angelegtes

Gerüstwerk den Überblick über das Ganze. Andere kommen dann und prüfen, was solider Bau ist, und rücken die unrichtig eingelegten Bausteine zurecht und geben den ungenügend behauenen den letzten Schliff. Jeder neue Arbeiter bringt neue Werkzeuge, neue Ideen und zahlreiche Erfahrungen mit und packt den ganzen Bau von anderen Gesichtspunkten an. Die Gerüste fallen und schließlich erhebt sich ein gewaltiges Gebäude, das kaum verrät, wie mannigfaltig die Baupläne waren, die ihm zu Grunde gelegt wurden. So möge auch dieser Beitrag zur Kenntnis der Zellfunktionen nur als ein Versuch betrachtet werden, dem vorhandenen Bau einen weiteren Stein einzufügen und ein Gerüstwerk zu errichten, auf dem weiter gebaut werden kann.

Zum Schlusse möchte ich meinen Mitarbeitern, die durch ihre rastlose Tätigkeit es ermöglicht haben, daß in relativ kurzer Zeit eine große Zahl von Einzelversuchen durchgeführt und verschiedene Probleme gleichzeitig von verschiedenen Seiten aus bearbeitet werden konnten, meinen herzlichsten Dank aussprechen.

Halle a. S., den 15. April 1912.

Emil Abderhalden.

Inhaltsverzeichnis.

Schutzmittel des einzelligen Lebewesens gegen zellfremde Stoffe	2
Zusammenarbeit verschiedener einzelliger Organismen	9
Arbeitsteilung bei den aus verschiedenartigen Zellen aufgebauten Organismen	10
Die Bedeutung der Milch für den Säugling	11
Umbau der Nahrungsstoffe in körpereigene, bluteigene und zelleigene Produkte	12
Die Bedeutung der Verdauung für den Zellstoffwechsel	14
Spezifischer Bau jeder Zellenart	15
Beobachtungen aus dem Gebiete der Pathologie, die für eine spezifische Struktur der verschiedenen Zellarten sprechen	15
Resultate der Transplantationsversuche	15
Zellspezifische Therapie	16
Unterscheidung von körperfremden und körpereigenen, blutfremden und bluteigenen, zellfremden und zelleigenen Stoffen	18
Überführung von Bausteinen einer bestimmten Zellart in Bestandteile anderer Zellen	20
Die Regelung des harmonischen Ablaufs der Stoffwechselprozesse im Organismus	24
Wechselbeziehungen der verschiedenen Zellarten	27
Invasion körperfremder Zellen. Schutz des Organismus gegen diese Zellarten	34
Die Fermente der Zellen	36
Die optische Methode	39. 46
Bildung von Schutzfermenten	48
1. Nach Zufuhr körper- und blutfremder Eiweißstoffe und deren nächsten Abbaustufen mit Ausblicken auf die Anaphylaxie	48
2. Nach Zufuhr körper- und blutfremder Kohlehydrate	60
3. Nach Zufuhr von Fetten	66
4. Nach Zufuhr von Nukleoproteiden und Nukleinen	69
Herkunft der Schutzfermente	73
Nachweis körpereigener, jedoch blutfremder Stoffe	76
Biologische Diagnose der Schwangerschaft	80
Anwendung der optischen Methode in der Pathologie	84
Anwendung der optischen Methode auf dem Gebiete der Infektionskrankheiten	86. 94
Literatur	100

Es ist wiederholt die Frage erörtert worden, ob einzellige Organismen in ihrer gesamten Organisation und in ihrem Stoffwechsel einfachere Prozesse aufweisen als die mehrzelligen Lebewesen. Es wäre a priori denkbar, daß die morphologisch einheitlicher organisierten Organismen aus einfacher zusammengesetzten Bausteinen aufgebaut wären, und daß ihre Stoffwechselprozesse in einfacheren Bahnen verliefen, als das bei den Lebewesen der Fall ist, an deren Aufbau Zellen verschiedener Art beteiligt sind. Die bisherigen Erfahrungen haben jedoch gezeigt, daß schon die morphologisch einfach gebauten Zellen vom chemischen Standpunkte aus betrachtet außerordentlich komplizierte Verhältnisse zeigen. Ja, das Studium der Stoffwechselvorgänge einzelliger Lebewesen ist ein viel schwierigeres als das der komplizierter gebauten Organismen, denn bei den ersteren hält es schwer, die resorbierten Stoffe, die Stoffwechselzwischenprodukte, Sekrete usw. und endlich die Auswurfstoffe von einander zu trennen. Aufnahme und Ausscheidung laufen neben einander her. Je höher wir in der Organismen- und speziell in der Tierreihe aufsteigen, um so mehr begegnen wir Zellen, die besondere Funktionen übernommen haben. So finden wir solche, die in der Hauptsache Stoffe von außen aufnehmen. Andere verarbeiten bestimmte Verbindungen zu Produkten bestimmter Art. Wieder andere haben die Aufgabe, Stoffwechselendprodukte an bestimmten Stellen zur Ausscheidung zu bringen.

Das einzellige Lebewesen steht beständig zahlreichen, von Ort zu Ort und von Zeit zu Zeit wechselnden Stoffen der Außenwelt gegenüber. Manche davon kommen für es als Nahrungsstoffe in Betracht. Andere dagegen sind für die betreffende Zelle vollständig unverwertbar, ja manche würden schwere Störungen hervorrufen, wenn sie in das Innere der Zelle eindringen könnten.

Die einzelne Zelle ist diesen Stoffen nicht schutzlos preisgegeben. Sie verfügt über verschiedenartige Einrichtungen, um sie von sich abzuwehren. Einmal besitzt sie eine Zellwand, die nicht für jeden Stoff durchlässig ist. Dann vermag sie durch Prozesse mannigfacher Art, Produkte, die in irgendeiner Weise schädigend auf Zellprozesse einwirken könnten, so zu verändern, daß die wirksame Gruppe ausgeschaltet wird. Oft genügt schon ein einfacher hydrolytischer Abbau, um einem komplizierter gebauten Stoffe seine Eigenart zu nehmen. Das zellfremde Produkt wird in indifferente, für die Zelle unschädliche Spaltstücke zerlegt. Oft werden energischere Mittel angewandt. Es wird oxydiert oder reduziert, je nach den vorliegenden Verhältnissen. Manche Stoffe werden gewiß auch schon bei diesen einfach gebauten Lebewesen durch Kuppelung an andere Verbindungen unschädlich gemacht, genau so, wie der komplizierter gebaute tierische Organismus in seinem Zellstoffwechsel Verbindungen verschiedener Art bereitet, um in geeigneten Fällen für ihn unerwünschte Stoffe zu binden und sie dann in dieser Form aus dem Körper auszuscheiden. Oft ist eine Substanz zur Kuppelung ungeeignet. Sie muß erst durch weitere Prozesse so umgebaut werden, daß Gruppen entstehen, die der Bindung zugänglich sind. Wir sehen, wie die Körperzellen oxydieren, reduzieren, spalten usw., bis ein zur Bindung geeignetes Produkt entstanden ist. Es liegt kein Grund vor, daran zu zweifeln, daß auch das einzellige Lebewesen über derartige Schutzmittel verfügt, nur sind sie nicht so leicht nachweisbar, weil es schwerer hält, einer einzelnen Zelle bestimmte Stoffe einzuverleiben, ohne sie zu schädigen, als einem komplizierter gebauten Organismus.

Als Hauptschutz bleibt der einzelnen Zelle immer die Zellwand mit ihrem ganz spezifischen Aufbau und ihren speziellen physikalischen Eigenschaften. Ferner spielen ohne Zweifel Fermente eine große Rolle. Sie gestatten der Zelle eine Auswahl unter den auf sie beständig eindringenden Stoffen. Die Fermente sind zum größten Teil in ganz spezifischer Weise auf bestimmte Substrate eingestellt (6)[1]. Nur diejenigen komplizierter gebauten Stoffe sind für die Zelle im allgemeinen ver-

---

[1] Die Nummern beziehen sich auf das am Schlusse mitgeteilte Literaturverzeichnis.

wertbar, die von ihr in einfachere Bruchstücke zerlegbar sind. Es deuten alle Erfahrungen darauf hin, daß die Zellen in der Hauptsache ihren Energiebedarf nur mit den einfachsten Bausteinen der Nahrungs- und Körperstoffe decken und vielleicht nie kompliziert gebaute Stoffe, wie Fette, Polysaccharide und Proteine direkt zu den Stoffwechselendprodukten verbrennen. Ja selbst die einfachsten Bausteine werden nicht ohne weiteres zu den letzten Verbrennungsprodukten abgebaut. Die Zelle arbeitet stufenweise. Sie spaltet zunächst ein großes Molekül in kleinere Stücke und legt dabei einen Bruchteil des gesamten Energieinhaltes des Ausgangsmaterials nach dem anderen frei, bis schließlich — bei den Kohlehydraten und Fetten wenigstens — die gesamte in ihm enthaltene Energie frei geworden ist. Die Zelle reguliert ihren Stoffwechsel bis in die äußersten Feinheiten selbst. In der geeigneten Zubereitung des zur Verbrennung dienenden Materials und der stufenweisen Erschließung des Energieinhaltes liegt eine wesentliche Bedeutung derjenigen Stoffe der Zelle, die wir zur Zeit unter dem Namen Fermente zusammenfassen.

Die Fermente dienen der Zelle noch in anderer Richtung. Sie helfen ihr ihren Bau zurechtzimmern. Nicht jedes aufgenommene Baumaterial paßt in den Bau der Zelle. Bald muß der Abbau weitergeführt werden, bald werden Bruchstücke in geeigneter Weise zusammengefügt, bis der brauchbare Baustein geschaffen ist, und dann beginnt die Verkettung all der mannigfaltigen Zellbausteine, bis das komplizierte, charakteristische Gefüge der Zelle gebildet ist. Wenn wir die Fermente zur Zeit ihrer Natur nach auch noch nicht kennen, so ist uns doch ihre spezifische Wirkung und ihre große Bedeutung für den Zellstoffwechsel und für den Zellbau selbst bekannt. Ohne Energie kann keine Zelle aktive Prozesse vollziehen. Der Energiestoffwechsel gibt uns ein genaues Gesamtbild der Leistungen der Zelle. Wie die Zelle sich die nötige Energie verschafft, wie sie diese verwertet usw., darüber orientiert uns nur ein sorgfältiges und möglichst lückenloses Studium der feineren Stoffwechselvorgänge in der Zelle. Bei diesen spielen die sog. Fermente die ausschlaggebende Rolle. Mit ihrer Hilfe ist es gelungen, Vorgänge, die ausschließlich an die Zelle gebunden zu sein schienen, außerhalb der Zelle zu verfolgen. Je weiter diese Versuche ausgebaut werden, um so mehr ergeben sich Beobachtungen, die zeigen, daß wir uns die Vorgänge im Zelleibe zum großen Teil in viel zu schematischer Weise vorgestellt haben. So hat sich z. B. die so einfach zu formulierende Vergärung des Traubenzuckers zu Alkohol und Kohlensäure — $C_6H_{12}O_6 = 2\,C_2H_5OH + 2CO_2$ — als ein sehr komplizierter Prozeß herausgestellt. Eine ganze Reihe von Reaktionen sind nötig, bis aus Zucker Alkohol und Kohlensäure wird. Es sind viel mehr Zwischenreaktionen vorhanden, als man je geahnt hat. Es wird eine wichtige Aufgabe der zukünftigen Forschung sein, zu prüfen, welche Bedeutung die alkoholische Gärung mit all ihren Zwischenstufen für die Hefezelle im Einzelnen hat. Jede derartige Beobachtung wird unseren Einblick in das Getriebe der Stoffwechselvorgänge der Zellen vertiefen und neue Ausblicke auf manche analoge Prozesse eröffnen.

Die einzelligen Lebewesen und manche der noch einfachen, jedoch aus mehreren Zellgruppen bestehenden Organismen sind zum Teil wenigstens mit Agentien, „Fermenten", ausgerüstet, die nicht in so feiner Weise auf bestimmte Substrate eingestellt sind, wie die Fermente der höher organisierten Pflanzen und Tiere. Während die Fermente der letzteren, soweit unsere Kenntnisse reichen, vornehmlich Substrate spalten, die aus Bausteinen bestehen, die in den in der Natur immer wiederkehrenden Zellbestandteilen enthalten sind, sind Fälle beobachtet, bei denen niedere Organismen (im morphologischen Sinne niedrig) auch Bindungen zwischen Substanzen lösten, die im Laboratorium aus Bausteinen aufgebaut worden waren, die sich in der Natur nicht finden. Durch diese größere Unabhängigkeit vom Substrate sichern sich diese Lebewesen bessere Lebensbedingungen. Sie können da leben, wo manche Zelle, die sich den Energieinhalt des dargebotenen Materiales nicht erschließen und ferner auch aus diesem Substrat keine Bausteine für ihren Zelleib bilden kann, verhungert. So stirbt die Zelle, trotzdem mehr als genug Brennmaterial zur Stelle ist. Es kann nicht verbraucht werden, weil ihm die richtige Form — Struktur und Konfiguration — fehlt. Es paßt nicht in die Organisation der Zelle hinein. Sauerstoff steht in genügender Menge zur Verfügung. Er findet jedoch keinen Angriffspunkt. Es fehlt die erforderliche Zubereitung.

Manchem Produkte ist die Aufnahme in die Zelle schon deshalb versagt, weil es seiner ganzen physikalischen Beschaffenheit nach viel zu grob ist, um die Zellwand zu passieren. Es trifft dies für viele kolloidale Körper zu. Ihrem Übergange in das Zellinnere muß eine Zerlegung in einfachere Komplexe vorausgehen. In diesen Fällen wird für die Möglichkeit einer Übernahme in das Zellinnere die Anwesenheit von Fermenten entscheidend sein, die imstande sind, das komplizierte Molekül zu spalten. Oft werden jedoch vielleicht auch Bedingungen genügen, die einen groben Komplex in eine feinere Verteilung überführen, ohne daß zunächst ein Abbau von Molekülen einsetzt. Die weitere Spaltung erfolgt dann auf dem Wege der Resorption oder auch erst im Zellinneren an geeigneter Stelle.

Schon das einzellige Lebewesen tritt mit keinen Stoffen, die nicht vorher vollständig umgebaut sind, in seinem Inneren in engere Beziehungen. Dieser Umbau vollzieht sich im allgemeinen in der Weise, daß das Substrat in einfachere, indifferente Bestandteile zerlegt wird, und dann baut die Zelle wiederum von Grund aus auf[1]). In vielen Fällen wird dieser Wieder-

---

[1]) Vgl. hierzu: Emil Abderhalden, Synthese der Zellbausteine in Pflanze und Tier. Julius Springer. Berlin 1912.

aufbau überflüssig sein. Es ist dies dann der Fall, wenn die Zelle nur den Energieinhalt der aufgenommenen Substanz für sich zu verwerten wünscht. Sobald aber Stoffe Bausteine der Zelle werden sollen, dann müssen sie dem ganzen Bauplan bis in die äußersten Feinheiten angepaßt werden. Das Gleiche ist der Fall, wenn es sich um die Bildung eines Sekretstoffes mit charakteristischem Bau und spezifischer Wirkung handelt.

Wir kennen einzellige Lebewesen, die beim Aufbau ihrer Körpersubstanz von sehr einfachen Bausteinen ausgehen. So sind uns Organismen bekannt, die aus Karbonaten, Nitrat, Wasser und Salzen ihren Zellleib bilden. Anderen genügt als Stickstoffquelle jede Substanz, aus der sie Ammoniak gewinnen können. Wieder andere benutzen sogar den freien Stickstoff der Luft. Es gibt jedoch schon bei den einzelligen Organismen Arten, die sehr anspruchsvoll sind und z. B. nur gedeihen, wenn sie bestimmte Peptone zur Verfügung haben. Andere verlangen sogar bestimmte Proteine als Ausgangsmaterial. Ein eingehendes Studium der für jeden einzelnen Organismus notwendigen Stickstoffquelle unter Berücksichtigung der übrigen Nahrungsstoffe und Bedingungen wird ohne Zweifel zu exakten Methoden führen, um die einzelnen Zellen im Laboratorium zu kultivieren. Ferner werden wir auf diesem Wege, indem wir bestimmten Mikroorganismen Peptone als Nahrung vorsetzen, über deren Aufbau wir genau orientiert sind, einen tiefen Einblick in die Stoffwechselprozesse der einzelnen Lebewesen gewinnen.

Schon die Art des Abbaus der Substrate und der sich bildenden Zwischenstufen wird manchen wichtigen Hinweis auf spezifische Zellfunktionen geben und uns in vielen Fällen gestatten, bestimmte Organismen zu erkennen. Wir werden ferner erfahren, weshalb bestimmte Keime auf einem bestimmten Nährboden wachsen, während sie auf einem anders gearteten Substrate entweder im Wachstum stehen bleiben oder aber vollständig zugrunde gehen.

Es unterliegt keinem Zweifel, daß in der Organismenwelt bestimmte Arten den Boden für andere vorbereiten, und so ein Organismus für den andern als Pionier wirkt. Es ist eine reizvolle Aufgabe, diesem Zusammenwirken verschiedener Lebewesen in all seinen Einzelheiten nachzugehen. Wir haben in der Zusammenarbeit verschiedener Einzelzellen in gewissem Sinne eine Vorstufe der Wechselbeziehungen der Organe der höher organisierten Lebewesen vor uns. Hier sind die Zellen noch frei, dort sind sie zu Geweben verbunden. Von diesem Gesichtspunkte aus können wir die Symbiose der mannigfachsten Zellarten als den ersten Versuch der Bildung eines Zellstaates auffassen. Die einzelnen Zellen sind noch selbständiger und ihre Aufgaben noch vielseitiger. Kein festes Band fügt die Organismen zu einem „Organe" zusammen und doch sind sie auf gegenseitige Unterstützung angewiesen. Die Einzelwesen beginnen, sich zu Verbänden zu organisieren. Gehen wir einen Schritt weiter, so kommen wir zu Zellkomplexen mit bestimmten Aufgaben, die wir als Organe ansprechen. Aber auch die höchst entwickelten Organismen der Tier- und Pflanzenwelt knüpfen noch Beziehungen zu Zellen an, die außerhalb des eigenen Verbandes sich befinden. Die Pflanze erschließt sich mit Hilfe von Mikroorganismen ihr sonst unzugängliche Stickstoffquellen und dem Tier vermitteln Bakterien das wichtige Kohlehydrat Zellulose. Sie bauen diese in seinem Darmkanal zu Produkten ab, die von den Fermenten seiner Drüsen weiter zerlegt werden können.

Bei denjenigen Organismen, bei denen sich eine Arbeitsteilung der Zellen herausgebildet hat, und vor allem bestimmte Zellen sich zu einem Darmrohr zusammengeschlossen haben, stehen nur diese letzteren mit der Außenwelt in Beziehung. Nur sie erfahren in gewissem Sinne, welche Nahrung aufgenommen wird. Direkte Beziehung unterhalten allerdings auch sie zu den aufgenommenen Stoffen nicht, weil diese schon vor der Aufnahme in die Zellen der Darmwand durch die in den Verdauungskanal hineingesandten Fermente in einfachere, indifferente Bruchstücke zerlegt werden. Alle Nahrungsstoffe werden stufenweise abgebaut, bis schließlich Spaltprodukte übrigbleiben, die keinen besonderen Charakter mehr aufweisen.

Die Nahrung stellt im allgemeinen Zellmaterial dar. Es handelt sich um kompliziert gebaute pflanzliche und tierische Gewebe. Jede einzelne Zelle hat einen ganz spezifischen Bau. Dieser beruht wiederum auf ganz eigenartig zusammengesetzten einzelnen Bausteinen. Wir dürfen uns diesen komplizierten Bau nicht nur vom rein chemischen Standpunkt aus vorstellen, wir müssen vielmehr auch den physikalischen Zustand berücksichtigen. Die Gesamtsumme der durch den eigenartigen Bau gegebenen Eigenschaften der Zelle bedingt deren ganz spezielle Funktionen. Der einzelne Organismus, der ein derartig spezifisch aufgebautes Gewebe mit ganz besonderen Aufgaben aufnimmt, kann zunächst mit den übernommenen Stoffen nichts anfangen. Es muß vorerst der spezielle Charakter vollständig zerstört werden. Baustein muß von Baustein gelöst werden, bis schließlich nur noch ein Haufe von Trümmern übrig bleibt, aus dem dann die Körperzellen ihr eigenes Material aufbauen können, oder aber es werden die einzelnen Bausteine direkt als Energiequelle benutzt. Auch hierfür ist, wie bereits oben erwähnt, ein vorbereitender Abbau, eine Anpassung an die Zelle notwendig.

Einfachere Verhältnisse finden wir beim Säugetier während der Säuglingsperiode. In dieser nimmt das Tier unter normalen Verhältnissen die Milch seiner Art auf. Diese ist in mannigfacher Beziehung dem wachsenden Organismus angepaßt (2, 3). Vor allen Dingen erhält der Säugling fortwährend dasselbe Gemisch von Salzen und dieselben organischen Nahrungsstoffe: Eiweiß, Kohlehydrate, Fette. In späteren Zeiten, wenn gemischte Nahrung aufgenommen wird, werden die Verhältnisse viel komplizierter, indem bald von diesem, bald von jenem Baustein größere Mengen auftreten, und die Zellen des Darmes beständig neuen Aufgaben gegenüberstehen. Sie müssen sich diesen neuen Verhältnissen erst allmählich anpassen.

Die Zellen der Milchdrüse übernehmen für den Säugling die richtige Auswahl der Nahrung. Sie arbeiten dem sich entwickelnden Organismus vor und vereinfachen vor allem den Darmzellen ihre Arbeit. Diese selbst bereiten zum Teil, unterstützt von der Leber, die aufgenommene Nahrung für die übrigen Körperzellen vor. Auch die Milchbestandteile müssen, ehe sie im Organismus Verwendung finden können, im Darmkanal vollständig abgebaut werden, genau ebenso, wie später bei der Aufnahme gemischter Nahrung ein weitgehender Abbau mittels der Fermente des Verdauungstraktus der Resorption vorausgeht. Der Unterschied gegenüber der letzteren Art der Ernährung besteht somit nur darin, daß bei der Milchnahrung beständig dieselben Abbaustufen und dieselben Spaltprodukte entstehen. Es wiederholt sich gewissermaßen Tag für Tag für die Zellen des Darmes und des Organismus dieselbe Aufgabe.

Wir können von diesen Gesichtspunkten aus drei wichtige Phasen in der Ernährung des Säugetieres unterscheiden. Bis zur Geburt, der ersten Phase, hat der Foetus nur körpereigen gemachtes Material von der Mutter empfangen. Er macht es blut- und zelleigen. Nie wurde sein Organismus von gänzlich fremdartigen Stoffen überrascht, und so vollzieht sich denn sein Zellstoffwechsel in bestimmten, ausgeglichenen

Bahnen. Nun erfolgt die Geburt und damit die erste Änderung in der Art der Ernährung. Das Individuum ist selbständig geworden. Die Atmung setzt ein. Mit einem Mal übernehmen die Lungenzellen den Gasaustausch. Die Zellen der Darmwand und der Anhangsdrüsen stehen auch mit einem Schlage vor neuen Aufgaben. Sie sollen mit Hilfe von Fermenten die aufgenommene Nahrung für die Körperzellen vorbereiten. Die Mutter erleichtert diese Aufgabe durch die Abgabe der dem kindlichen Organismus angepaßten Milch. Vor allem wird den Darmzellen ihre Arbeit vereinfacht. Weder stehen sie plötzlich einem stets wechselnden Gemisch von Ionen aller Art gegenüber, noch werden sie von allen möglichen Abbaustufen aus organischen Nahrungsstoffen überschwemmt. So gewöhnt sich das noch „unerfahrene" Lebewesen allmählich an seine neuen Aufgaben und ist schließlich gewappnet, wenn ihm durch Zufuhr anderer Nahrung als der Milch, ganz neue und viel schwerere, weil beständig wechselnde Aufgaben gestellt werden. Mit dem Verlassen der Milch als einziger Nahrung vollzieht sich die zweite große Änderung in der Ernährung des wachsenden Individuums. Die dritte Phase seiner Entwicklung hat begonnen[1]).

Die Zellen müssen rasch arbeiten, soll nichts Fremd-

---

[1]) Von diesen Gesichtspunkten aus ist es leicht verständlich, weshalb bei Mangel der artgleichen Milch und vor allem bei beständigen Änderungen in der Zusammensetzung der Säuglingsnahrung Störungen aller Art auftreten. Der Säugling ist für die Aufnahme einer heterogenen Nahrung noch nicht vorbereitet.

artiges in den allgemeinen Kreislauf gelangen. Um die Lösung dieser großen und für den Organismus so wichtigen Aufgabe zu sichern, ist zwischen Darm und die übrigen Organe die Leber eingeschaltet. In diesem wichtigen Organe zieht das mit resorbierten und zum Teil von den Zellen der Darmwand bereits umgebauten Stoffen beladene Blut an den einzelnen Zellen vorbei. Es wird noch einmal alles Aufgenommene sorgfältig gesichtet und schließlich Blut in den allgemeinen Kreislauf entlassen, das nichts Körper- und Blutfremdes mehr mit sich führt.

Die Erkenntnis, daß die Verdauung den Zweck hat, zu verhindern, daß Produkte in den Organismus übergehen, die weder dem Blute noch den Körperzellen angepaßt sind, ist von großer Bedeutung für die Auffassung des gesamten Stoffwechsels im tierischen Organismus. Wir können in gewisser Beziehung den tierischen Organismus als ein in sich abgeschlossenes Ganzes betrachten. Alle Körperzellen haben einen gemeinsamen Grundplan, der von Generation zu Generation durch die Geschlechtszellen weiter vererbt wird. Die Zellen, die sich zu besonderen Organen zusammenschließen, haben außerdem noch einen organspezifischen Aufbau. Wir müssen eine solche Annahme machen, denn sonst bleibt es unverständlich, weshalb z. B. die Leberzellen ausschließlich Galle liefern, und die Zellen des Markes der Nebenniere Adrenalin, usw. Die Körperzellen haben alle bestimmte Funktionen zu erfüllen, die dem gesamten Organismus zugute kommen. Es steht fest, daß die verschiedenen Organe Stoffe an das Blut abgeben, die an irgend einer Stelle im Organismus ganz bestimmte Prozesse auslösen. Damit diese Stoffe wirken können, müssen sie einen ganz spezifischen Bau haben. Ebenso müssen die Zellen, in denen sie ihre Wirkung entfalten sollen, durch eine besondere Struktur ausgezeichnet sein, denn sonst wäre es schwer zu verstehen, weshalb ein bestimmter Sekretstoff nur auf ganz bestimmte Zellen einwirkt und unzählige andere vollständig unberührt läßt.

Eine bedeutsame Stütze hat ferner die Annahme spezifisch gebauter Zellen durch die zahlreichen Transplantationsversuche erhalten. Der Chirurg sucht heutzutage möglichst viel zu erhalten. Es hat sich gezeigt, daß nur diejenigen Gewebe einheilen, die von derselben Art stammen. Noch bessere Bedingungen geben Organteile des gleichen Individuums. Die Heteroplastik, d. h. der Versuch, artfremdes Gewebe zum Anwachsen zu bringen, hatte nie Erfolg. Der Körper verlangt körpereigene Zellen. Sind sie diesen nahe verwandt, wie das bei Geweben der gleichen Art der Fall ist — auch das Individuum hat seinen eigenen Typus! —, dann wird wahrscheinlich im Laufe der Zeit das eingeheilte Gewebe durch Umbau den übrigen Zellen des gleichen Organes und damit des gesamten Organismus angepaßt.

Endlich gibt uns die Pathologie eine Fülle von Beispielen, die unsere Ansicht stützen, wonach jede Zellart innerhalb eines bestimmten Organismus einen eigenartigen Bau hat. Wir wissen, daß gewisse Gifte nur ganz bestimmte Zellarten beeinflussen und schädigen. Es sei auf die bekannten Systemerkrankungen im Zentralnervensystem hingewiesen. Die sog. metasyphilitischen Erscheinungen äußern sich z. B. nur an ganz bestimmten Stellen des Rückenmarkes und Gehirns.

Die Vorstellung, daß jede Zellart einen besonderen Bau und in mancher Beziehung einen besonderen Stoffwechsel hat, eröffnet endlich der Therapie weite Gesichtspunkte. So gut der Organismus Produkte bildet, die auf ganz bestimmte Zellen und nur auf diese einwirken, so gut muß es möglich sein, Stoffe zu entdecken, die ausschließlich diejenigen Zellen beeinflussen, deren Stoffwechsel man in bestimmter Weise ändern möchte, oder deren vollständige Vernichtung man wünscht. Letzteres wird z. B. bei der Bekämpfung von Infektionskrankheiten und von Geschwulstzellen — speziell Krebs — angestrebt. Die Zukunft gehört der zellspezifischen Therapie. Sie wird die Struktur und Konfiguration der angewandten Mittel in den Vordergrund rücken, oder aber ganz allgemein versuchen, die Bedingungen chemischer und physikalischer Art in bestimmten Zellen so zu beeinflussen, daß ein Weiterleben für ganz bestimmte Zellarten unmöglich wird.

Ein regelmäßiger, ungestörter Ablauf der mannigfaltigen Zellprozesse setzt voraus, daß in gewissen Grenzen konstante Verhältnisse garantiert sind. Wenn wir im Laboratorium bestimmte Reaktionen ausführen und z. B. die Einwirkung zweier Stoffe auf einander studieren wollen, dann wählen wir möglichst günstige Bedingungen und vermeiden vor allen Dingen, daß außer den Stoffen, die zur Wirkung gelangen sollen, noch andere vorhanden sind. Es ist eine bekannte Tatsache, daß Spuren von Verunreinigungen eine Reaktion sehr stark beeinflussen können. Sie kann entweder vollständig ausbleiben, oder aber beschleunigt, oder endlich in ganz andere Richtung gedrängt werden. Wir begegnen schon großen Schwierigkeiten, wenn wir in derselben Reaktionsflüssigkeit mehrere Reaktionen nebeneinander verfolgen wollen. Es können entstehende Zwischenprodukte sich gegenseitig beeinflussen, so daß schließlich Endprodukte in Erscheinung treten, über deren Herkunft wir uns nur sehr schwer orientieren können. Wenn nun im tierischen Organismus die einzelnen Prozesse nicht genau reguliert wären, und z. B. an das Blut nicht nur Stoffe abgegeben würden, die dem Blute zugehören, d. h. in ganz bestimmter und immer wiederkehrender Weise umgebaut sind, so wäre es schwer zu verstehen, weshalb die einzelnen Sekretstoffe stets ihr Ziel in ganz bestimmter Weise erreichen, und an Ort und Stelle ganz bestimmte Stoffwechselprozesse hemmen, fördern oder erst in die Wege leiten. Es unterliegt keinem Zweifel, daß derartige Vorstellungen über den Ablauf des Zellstoffwechsels und über die Wechselbeziehungen der einzelnen Organzellen nur unter der Voraussetzung, daß der Zellstoffwechsel im gesamten Organismus in feinster Weise nicht nur quantitativ, sondern vor allen Dingen auch qualitativ reguliert ist, denbkar sind. Wir müssen uns vorstellen, daß bei der Zellarbeit immer wieder dieselben Abbaustufen auftreten, und daß die Zellen die einzelnen Stoffwechselzwischenprodukte erst in einem ganz bestimmten Stadium des Abbaus in die Blutbahn entlassen. Die einzelne Zelle ist in dieser Beziehung in derselben Weise für das Konstanthalten der Zusammensetzung des Blutes verantwortlich, wie die Zellen des Darmkanales mit ihren Fermenten. Von allen Seiten aus wird dafür Sorge getragen, daß im Blute nur Stoffe erscheinen, die diesem zukommen.

Wir können von diesen Gesichtspunkten aus einmal **körperfremde** Stoffe unterscheiden, d. h. solche Verbindungen, die in ihrer Struktur und Konfiguration mit den Bestandteilen des Organismus keine Übereinstimmung zeigen. Dahin gehören alle jene Stoffe, die wir von außen als Nahrungsstoffe aufnehmen, es sei denn, daß Stoffe zur Aufnahme gelangen, die bereits zu den einfachsten Bausteinen gehören, wie z. B. der Traubenzucker. Als **körpereigen** können wir jene Stoffe bezeichnen, die vollständig umgeprägt sind und in ihrer Struktur dem Grundplane der speziellen Art und des speziellen Individuums ganz entsprechen. Neben diesem generellen Begriff, der nur besagt, daß ein Stoff dem Körper ganz allgemein nicht vollständig fremd ist, kommt nun ohne Zweifel noch die feinere Unterscheidung je nach der Zugehörigkeit der betreffenden Verbindung. Wir haben bereits im Jahre

1906 vorgeschlagen[1]), zwischen Stoffen zu unterscheiden, die zwar dem Blute angepaßt, jedoch den verschiedenartigen Körperzellen fremd sind, und solchen Stoffen, die irgend eine charakteristische Bauart der Zellen eines bestimmten Organes zeigen. Wenn unsere Vorstellung über den Bau der einzelnen Organzellen und der Abhängigkeit der Funktion von dessen Eigenart richtig ist, dann folgt, daß, wie schon betont, jede Zellart über Bausteine besonderer Art verfügt. Wir können von **organeigenen** und noch spezieller von **zelleigenen** Stoffen sprechen und ebenso von **bluteigenen**. Die spezifisch aufgebauten Stoffe des Blutes wären dann als **zellfremd** zu betrachten und umgekehrt die zelleigenen Substanzen als **blutfremd**. Die zelleigenen Produkte wären unter sich nur insofern nicht fremdartig, als sie Zellen mit gleichen Teilfunktionen entsprechen, dagegen müssen von diesen Gesichtspunkten aus, z. B. die spezifisch gebauten Bausteine der Schilddrüsenzellen für die Nebennierenzellen fremd sein und umgekehrt. Die Vorstellung einer ganz spezifischen Ausgestaltung jeder Organzelle — sowohl in chemischer als in physikalischer Richtung — gründet sich nicht nur auf den Umstand, daß ohne eine solche Annahme die speziellen Aufgaben und Funktionen der einzelnen Körperzellen schwer verständlich wären, sondern vor allem auch auf die schon oben erwähnte Tatsache, daß bestimmte von gewissen Organzellen ausgesandte

---

[1]) Lehrbuch der physiologischen Chemie. 1. Auflage. S. 292. Urban & Schwarzenberg. Berlin-Wien 1906.

Sekretstoffe immer nur auf die Zellen eines bestimmten Systems einwirken. Das schließt in sich, daß die betreffenden Zellen einen Bau haben müssen, der sie scharf von allen übrigen Zellarten unterscheidet.

Eine besondere Stellung nehmen, wenigstens qualitativ, all jene Substanzen ein, die, wie die Bausteine der verschiedenen organischen Nahrungs- und Gewebstoffe, und die anorganischen Bestandteile, die Salze, das Wasser usw. keine spezifische Struktur aufweisen und als Stoffwechselzwischen- und -endprodukte den verschiedenartigsten Zellen und auch dem Blute und der Lymphe gemeinsam sind. Hier kann im allgemeinen nur die Quantität Störungen hervorrufen. Rasche Ausscheidung oder synthetische oder endlich analytische Prozesse können hier regulierend eingreifen und wieder normale Verhältnisse schaffen. Alle Stoffe jedoch, die eine spezifische Struktur haben, gehören entweder dem Blute an oder ganz bestimmten Zellen. Von diesen Gesichtspunkten aus betrachtet, müssen wir Stoffe, die ohne genügenden Abbau die Zelle verlassen und in die Blutbahn gelangen, als blutfremd ansprechen, und umgekehrt müßte eine Störung des Stoffwechsels bestimmter Zellen eintreten, wenn z. B. ungenügend zerlegte Zellbestandteile der Muskeln in Nierenzellen hineingelangen könnten. Die Bausteine der Muskelzellen sind für die Nierenzellen zellfremd. Sie könnten erst nach einem gründlichen Umbau für diese zelleigen werden.

Daß im tierischen Organismus eine Bildung bestimmten Zellmateriales aus den Bestandteilen ganz anderer Zellen möglich ist, lehren Versuche an Hungertieren, und vor allen Dingen die bekannten Beobachtungen des Baseler Physiologen Friedrich Miescher an Lachsen. Dieser Forscher konnte zeigen, daß die Geschlechtsdrüsen der genannten Fische im Süßwasser auf Kosten der Muskulatur sich mächtig entwickeln. Es konnte mikroskopisch nachgewiesen werden, wie die Bestandteile der Muskelfasern allmählich zerlegt werden, bis sie in die Blutbahn übergehen. Miescher spricht direkt von einer Liquidation der Bausteine der Muskelzellen. Gleichzeitig beobachtet man, ohne daß das Tier irgendwelche Nahrung aufnimmt, wie die Geschlechtsdrüsen allmählich anfangen zu wachsen. Wir treffen jedoch in den Zellen der Geschlechtsdrüsen keine unveränderten Bestandteile an, die vorher den Muskelzellen eigen waren. Vielmehr begegnen wir ganz neuartigen Stoffen, vor allen Dingen Eiweißstoffen, wie sie in den Muskelzellen niemals vorkommen. Wir sehen zunächst, daß an Stelle der Muskel-Eiweißkörper Histone auftreten. Es sind dies Eiweißkörper, die basischer Natur sind. Sie enthalten große Mengen von sog. Diaminosäuren. Bald finden wir an Stelle der Histone, je mehr sich die Geschlechtsorgane, speziell die Hoden, der Geschlechtsreife nähern, Protamine. Diese bestehen fast ausschließlich aus Diaminosäuren. Wir sehen an diesem Beispiel, wie charakteristisch gebaute Zellen ihr Material tief abgebaut an die Blutbahn abgeben. Es werden zunächst bluteigene Stoffe gebildet, und diese den Zellen der Geschlechtsdrüsen zugeführt. Diese übernehmen diese indifferenten Stoffe, und bauen aus ihnen nun die für sie spezifischen Produkte auf. Ohne Zweifel spielen derartige Prozesse auch im normalen Stoffwechsel eine Rolle. Bald wird da und dort eine Zellgruppe sich in dieser Weise aushelfen. Es ist dies besonders dann der Fall, wenn die Nahrungszufuhr längere Zeit stockt.

Eine Neubildung von Stoffen aller Art aus bluteigenen und lympheigenen Produkten demonstriert uns jedes wachsende Haar und jeder Nagel! Jedes neue Blutkörperchen verkündet uns tiefgreifende Umwandlungen und jedes Sekret, sei es nun ein solches, das unserem Auge unmittelbar sichtbar ist, wie z. B. der Speichel, die Milch, oder durch geeignete Operationen, wie Fistelbildung, sichtbar gemacht werden kann, sei es ein sog. inneres Sekret, das das Blut oder die Lymphe als Bahn wählt, gibt Kunde von gewaltigem Ab-, Auf- und Umbau. Eilen gar Tausende und Abertausende von Leukozyten einer Invasion von Mikroorganismen entgegen, um sie abzugrenzen, aufzuhalten und zu bekämpfen, dann enthüllt sich uns in besonders überzeugender Weise ein Bild der synthetischen Fähigkeiten des tierischen Organismus. Auch der erwachsene Organismus vermag in jedem Zeitpunkt ungezählte Zellen von Grund aus auszurüsten und ihren speziellen Funktionen anzupassen.

Würden die von außen zugeführten Nahrungsstoffe mit ihrer ganz fremdartigen Struktur direkt der Blutbahn zugeführt, und von dieser aus an die Zellen abgegeben, dann wäre der Organismus beständigen Überraschungen ausgesetzt. Eine Kontrolle des Stoffwechsels wäre gar nicht mehr möglich. Bald würde dieser Stoff kreisen, bald jener, bald die Reaktion des Blutes in dieser, bald in jener Weise beeinflußt werden. Die Zellen wären darauf angewiesen, all diese fremdartigen Stoffe abzubauen. Sie müßten mit allen möglichen Einrichtungen versehen sein, um beständig den Kampf gegen diese Stoffe aufzunehmen. Jede einzelne Zelle im Organismus wäre in gewissem Sinne den einzelligen Organismen gleichgestellt. Wie diese beständig von fremdartigem Material umspült sind, und eine Auslese treffen müssen, so müßten dann die einzelnen Körperzellen ebenfalls von Fall zu Fall die für sie brauchbaren Stoffe aussuchen. Es wäre nicht nur die Arbeit der einzelnen Zelle außerordentlich erschwert, sondern ohne Zweifel die gegenseitige Beeinflussung von verschiedenen Zellarten durch bestimmte Sekretstoffe stark behindert. Bald würde da und dort ein in seinem ganzen Aufbau spezifisch ausgerüsteter Stoff durch fremdartige im Blute kreisende Stoffe abgefangen und festgelegt, verändert und vielleicht auch vernichtet. Es würde sehr bald die äußerst feine Regulation des Gesamtstoffwechsels erheblich gestört werden. Schädigungen aller Art könnten nicht ausbleiben. Vor allem könnten die von Fall zu Fall wechselnden Zwischenprodukte Störungen hervorrufen. Die Zelle arbeitet, wie schon erwähnt, stets stufenweise. Sie kann ein kompliziert gebautes Molekül nicht mit einem Schlage vernichten, und etwa direkt durch Verbrennung in die Endprodukte überführen. Die Zelle baut Schritt für Schritt ab und bewahrt sich so das Gleichgewicht des Energiestoffwechsels. Die rasche Verbrennung von Eiweiß, Fetten und Polysacchariden würde an Ort und Stelle ganz plötzlich eine große Menge von Energie liefern. Sie würde als Wärme in Erscheinung treten und unter Umtänden das Leben der Zelle vernichten. Ist somit die allmähliche Erschließung des Energieinhaltes der Nahrung für die Aufrechterhaltung all der fein abgestuften Stoffwechselprozesse und Funktionen der einzelnen Zelle von allergrößter Bedeutung, so kann andererseits, falls fremdartiges, dem Körper nicht angepaßtes Material zum Abbau kommt, manches Zwischenglied entstehen, das schwere Störungen im Gefolge hat. Bald würde da, bald dort eine Zelle empfindlich geschädigt. Der Abbau könnte vielleicht auch gar nicht zu Ende geführt werden, weil die Zelle nun versagt, oder, weil ihr überhaupt das Agens fehlt, um die vorhandenen Bindungen zu sprengen. So wäre eine Fülle von Möglichkeiten gegeben, die alle mit der feinen Regulation des Zellstoffwechsels und damit auch des Gesamtstoffwechsels unverträglich wären.

All diesen Eventualitäten beugt der tierische Organismus vor, indem er nur körpereigen und zunächst bluteigen gemachtes Material in den Kreislauf entläßt. Das von diesem Gesichtspunkte aus als homogen zu betrachtende Nährmaterial der Gewebszellen liefert Abbaustufen, mit denen die Zelle längst vertraut ist. Nichts Fremdartiges tritt in Erscheinung. Wie in einer Fabrik bei der Herstellung eines Gegenstandes eine Maschine der anderen vorarbeitet und ein Arbeiter dem anderen Material überreicht, das bis zu einer bestimmten Stufe vorbereitet ist, so unterstützen sich auch die Gewebszellen gegenseitig. Die Darmzellen und die Leberzellen vollziehen für den gesamten Organismus beständig eine wichtige Sortierarbeit. Man stelle sich die Verwirrung und Störung vor, die in einer Fabrik entstehen würde, wenn plötzlich den Maschinen ganz verschiedenartiges Material geboten würde. Sie würden alle bald versagen und stillgelegt sein. Der einzelne Arbeiter, der mit seinen Kenntnissen und seinem Werkzeug nur auf eine bestimmte Phase im Werdegang eines kompliziert gebauten Gegenstandes eingestellt ist, wäre ratlos, wenn ihm plötzlich ganz neue Aufgaben zugemutet würden. Er müßte sich neue Werkzeuge besorgen und sich von neuem einarbeiten. Würden die Aufgaben regellos wechseln, d. h. wäre er von Fall zu Fall in seiner Tätigkeit auf das ihm übergebene Material angewiesen, dann wäre ein erfolgreiches Arbeiten ganz ausgeschlossen. Genau die gleichen Verhältnisse finden wir bei dem Zellenstaate, der unseren Organismus zusammensetzt. Die einzelnen Zellen sind mit Arbeitern und Maschinen vergleichbar, die in einem Riesenbetriebe in Gruppen gemeinsame Ziele verfolgen. Die Darmzellen mit den Zellen der Anhangsdrüsen und speziell den Leberzellen überwachen gewissermaßen die Zufuhr des Rohmaterials. Es wird in der richtigen Weise vorbereitet und dann so umgeprägt, daß es allen

Zellen „mundgerecht" wird. Nun geht das Material von Hand zu Hand — von Zelle zu Zelle.

Man darf bei diesen Überlegungen nicht nur an reine chemische Prozesse denken. Auch die physikalischen spielen eine überaus wichtige Rolle. Jede Zelle besitzt Stoffe, die einen Einfluß auf den osmotischen Druck besitzen und solche, denen in dieser Beziehung jeder Einfluß fehlt. Auch in dieser Hinsicht ist die Zelle in jedem Momente in feinster Weise eingestellt. Bald baut sie ab und führt kolloide Stoffe in solche über, die den osmotischen Druck der Zelle erhöhen, bald kettet sie gelöste Stoffe zu immer komplizierter gebauten, großen Molekülen zusammen, bis ein Körper entsteht, der mehr und mehr der Lösung entzogen wird und damit seinen Einfluß auf den osmotischen Druck der Zelle verliert. Dieses Wechselspiel ist noch nach ganz anderer Richtung für die Zelle von größter Bedeutung. Wir wissen, daß die einzelnen Ionen ganz spezifische Wirkungen entfalten. Auch hier muß die Zelle über Einrichtungen verfügen, um bald die Wirkung des einen Ions hervortreten zu lassen und die des anderen einzuschränken resp. ganz aufzuheben. Sie kann das in mannigfachster Weise bewirken. Bald wird ein Ion z. B. an Proteine oder andere Stoffe gebunden und so seines Charakters beraubt, bald wird durch Abspaltung oder einfache Dissoziation ein Ion in die Lösung übergeführt. Oder aber die Zelle läßt antagonistisch wirkende Ionen in fein abgestufter Weise in ihrer Wirkung sich gegenseitig beeinflussen.

Zahlreiche Erfahrungen haben ergeben, wie bereits erwähnt, daß bestimmte Zellen auf ganz bestimmte Sekretstoffe, die von anderen Organen abgesondert werden, angewiesen sind. Entfernen wir bestimmte Organe, z. B. die Schilddrüse, die Nebenschilddrüsen, die Geschlechtsdrüsen, die Nebenniere usw., dann erhalten wir ganz bestimmte Ausfallserscheinungen. Ja in vielen Fällen ist das Fehlen dieser Organe mit dem Leben ganz unvereinbar. Dasselbe Phänomen erhalten wir, wenn zwar das Organ an Ort und Stelle bleibt, aber aus irgendwelchen Gründen allmählich seine Funktionen einstellt. Es braucht dabei nicht das Organ als solches zugrunde zu gehen, es genügt, wenn die Bildung eines spezifischen Sekretes vollständig ausbleibt. Es kommt dieser Zustand dann dem Fehlen dieses Organes in bestimmter Richtung vollständig gleich. Derartige Beobachtungen, wie sie uns die Pathologie liefert, zusammen mit den Feststellungen, die wir jederzeit erheben können, wenn wir bestimmte Organe exstirpieren und, nachdem die Folgeerscheinungen sich gezeigt haben, wieder transplantieren, ergeben ein äußerst mannigfaltiges Bild der Wechselbeziehungen der verschiedenen Organe untereinander.

Jede Zellgruppe — jedes Organ — hat innerhalb des übrigen Zellstaates bestimmte Funktionen zu erfüllen und besitzt in dieser Beziehung eine gewisse Selbständigkeit. Gewiß bestehen innerhalb der Zellen eines Organes ebenfalls wieder Wechselbeziehungen. Manche Beobachtungen machen es wahrscheinlich, daß morphologisch scheinbar einheitlichen Organen nicht ohne weiteres eine funktionelle Einheit entspricht. Die Selbständigkeit eines jeden Organes ist nur eine relative. Wie schon wiederholt erwähnt, stehen alle Zellen in regem, gegenseitigem Austausch. Für diese Annahme haben wir Beweise genug, dagegen fehlt uns bis jetzt ein klarer Einblick in die Bedeutung dieser gegenseitigen Abhängigkeit. Vollständig selbständig und ganz auf sich angewiesen ist vielleicht nur das einzellige Lebewesen. Es vollzieht alle zum Leben nötigen Prozesse unabhängig von anderen Zellen, wenn nicht, was auch möglich ist, dem gemeinsamen Vorkommen mancher dieser einfachen Lebewesen die Bedeutung einer Symbiose zukommt. Diese ist, wie schon betont, genau so zu bewerten, wie die Wechselbeziehung der Zellen der höher organisierten Wesen der Pflanzen- und Tierwelt unter einander. Daß auch in den Pflanzen die Zellen in reger Wechselbeziehung stehen, genau so, wie die Zellen des tierischen Organismus, ist nicht zu bezweifeln.

Ohne Zweifel sind auch in den aus Zellstaaten aufgebauten Organismen zahlreiche Zellarten vorhanden, die ohne mit anderen Zellen im Austausch zu stehen, leben können, gerade so, wie das einzelne Individuum sich von seiner Sippe isolieren kann und doch eine gewisse Zeit fortlebt. Wie aber erst durch das wohlgeordnete Zusammenarbeiten vieler die Existenzbedingungen für ein Volk und einen Staat geschaffen werden, so erhält jede Zellart erst im Zusammenwirken mit all den anderen Zellen im Organismus seine volle

Bedeutung. Erst dann kann sie ihre Fähigkeiten voll entfalten. Ja, in vielen Einzelfunktionen ist eine so weitgehende Arbeitsteilung eingetreten, daß ein großer Teil der Zellen vollständig von den Funktionen anderer Zellen abhängig ist. Ein Versagen dieser Zellen führt, wie schon oben betont, zum Siechtum und schließlich zum Tode vieler anderer. Hier liegt noch ein weites Feld der Forschung vor uns. Das „warum" und „wie" nimmt hier kein Ende.

Die Möglichkeit, einzelne Körperzellen und Gewebsstücke in Blutplasma außerhalb des Organismus zu züchten und längere Zeit am Leben zu erhalten, eröffnet vielen Fragestellungen die Aussicht auf Beantwortung auf experimentellem Wege. Es wird sich zeigen, weshalb manche Zellen ihre normalen Funktionen einbüßen, wenn das Sekret bestimmter Organe ausbleibt. Die Zahl der Möglichkeiten ist fast unerschöpflich. Es können beispielsweise manche Stoffe, wie z. B. Traubenzucker von den Zellen erst zu den Endprodukten — Kohlensäure und Wasser — abgebaut werden, nachdem sie in bestimmter Weise vorbereitet worden sind. Es setzt ein stufenweiser Abbau ein. Die Zelle besitzt wohl das Werkzeug, um das vorhandene Substrat zu verändern, es ist jedoch an und für sich noch unfertig. Ein zweites Agens muß es erst funktionstüchtig machen — wie etwa ein Hammer ohne Stiel oder eine Schraube ohne Schraubenzieher erst beim Vorhandensein der fehlenden Materialien verwendbar sind. Dieses Agens wird vielleicht von Zellen anderer Organe ausgesandt.

Es ist wohl möglich, daß wir zur Zeit, allzu sehr in Vorstellungen der Strukturchemie gefangen, die Prozesse in der Zelle zu einseitig betrachten und zu wenig an den physikalischen Zustand der Zelle denken. Wir wissen, daß manche Reaktionen in ihrem Verlauf vollständig von den vorhandenen Bedingungen abhängig sind. Es genügt ein Wechsel der Reaktion des Mediums, um z. B. die Wirkung eines Fermentes zu vernichten. Der Zusatz einer Spur eines Elektrolyten beschleunigt unter Umständen eine bestimmte Reaktion, ja Veränderungen der Bedingungen können sogar Reaktionen vollständig verschieben und zu ganz anderen Endprodukten führen. Die Prozesse im Zellinneren sind sicher in viel weitgehenderer Weise, als im allgemeinen angenommen wird, von den Bedingungen, die der physikalische Zustand der Zelle bietet, abhängig. Sicher spielen die kolloiden Stoffe und die Elektrolyte — die Ionen — und vielleicht auch die übrigen gelösten Stoffe in ihren Wechselbeziehungen eine wichtige Rolle. Hier stehen wir Regulationen gegenüber, die wir zur Zeit gar nicht übersehen können. Sollte nicht gerade in dieser Richtung das Zusammenspiel der verschiedenen Körperzellen von grundlegender Bedeutung sein? Mancher Prozeß, der in Erscheinung tritt und wegen seiner leichten Feststellbarkeit sich uns in erster Linie aufdrängt, ist vielleicht nur sekundärer Art. Die Ursache — das Primäre — entgeht uns, weil wir zur Zeit teils die Fragen nicht richtig zu stellen wissen, teils nicht über Methoden verfügen, um ihnen experimentell nachzugehen. Vor allen Dingen manifestiert sich bei allen biologischen Problemen unsere völlige Abhängigkeit von der Gedankenwelt und den Methoden der exakten Naturwissenschaften. Wir tragen all das dort Errungene in die Probleme der Biologie hinein. Jahrzehntelang sind dann bestimmte Vorstellungen herrschend. Sie treten zurück, sowie ein neuer Impuls, ein neuer Fortschritt auf dem Gebiete der Physik und Chemie wieder zahlreiche Arbeiter auf neue Bahnen lenkt. Es wird gebohrt und gearbeitet, bis ein neuer Stollen in den Berg von Rätseln, die uns jede Zelle bietet, getrieben ist. Gar oft endet er blind, hat aber doch auf seinem Weg diesen oder jenen interessanten Befund ergeben. Manchmal ist die Pionierarbeit jedoch von Erfolg gekrönt. Eine wichtige Etappe ist zurückgelegt, ein weiter Ausblick gewonnen. Noch liegt jedoch das ersehnte Ziel — der lückenlose Einblick in die Stoffwechselvorgänge — in weiter Ferne. Doch gibt das Erreichte einen Anhaltspunkt dafür, daß wir auf dem richtigen Wege sind. Der vorsichtige Wanderer wird nichts unbeachtet lassen und stets dessen eingedenk sein, daß kein einziger Stoff für die Zelle bedeutungslos ist, und daß es ganz verkehrt wäre, zu behaupten, daß für sie irgendein Stoff — z. B. das Eiweiß — der wichtigste sei. Ein einziges Ion kann im einzelnen Falle über Leben oder Tod der Zelle entscheiden. Ein Konglomerat von Molekülen kann sich zu einem gewaltigen Komplex — einem Kolloid — vereinigen und mit seinen Eigenschaften die ganze Zellfunktion beherrschen. Struktur und Konfiguration der einzelnen Verbindungen, der einzelnen Bausteine der Zelle sind von größter Bedeutung für die Eigenart der Zelle. Dazu kommt dann, zum Teil durch diese bedingt, die Struktur und Konfiguration im physikalischen Sinne. Eine Trennnung der chemischen und physikalischen Eigenschaften der Zellbausteine ist unmöglich. Sie alle zusammen geben die Lebensbedingungen für die Zelle ab.

Was für eine bestimmte Zellart ein indifferentes Produkt ist, kann für eine andere schädlich sein. Jede Zelle bildet eigenartige Sekretstoffe. Bis zu ihrer Bildung werden mannigfache Zwischenstufen durchlaufen. Vollzieht sich der ganze Umbau innerhalb der Zelle selbst bis zu bluteigenen Stoffen, dann werden etwa auftretende, für andere Zellen nicht gleichgültige Zwischenprodukte im Organismus keine störende Wirkung entfalten können. Werden jedoch solche, nicht genügend umgebaute Stoffe in den allgemeinen Kreislauf entlassen, dann haben wir Störungen aller Art zu befürchten. Ein solcher Zustand wird z. B. dann auftreten, wenn bestimmte Zellen einen angefangenen Umbau nicht vollenden können, weil das Agens — das Ferment — fehlt, um ihn zu beendigen. So kann das Versagen eines Organes in der mannigfaltigsten Weise zu Störungen aller Art führen. Ist erst einmal eine Regulation durchbrochen, dann zieht eine Störung lawinenartig eine andere nach sich. Der Organismus wehrt sich zwar. Er schafft Kompensationen und sucht sich den neuen Verhältnissen anzupassen. Das gelingt ihm oft auch in ganz wunderbarer Weise, und für lange Zeit hinaus ist der Schaden repariert. Die Pathologie liefert uns täglich Beispiele dieser Art. Das Studium der Zellfunktionen unter veränderten Bedingungen ist eines der reizvollsten das wir kennen. Die experimentelle Pathologie ist ein Gebiet, das ohne Zweifel für die ganze Physiologie von noch ganz ungeahnter Bedeutung werden wird.

So führen denn alle Beobachtungen über den Bau und den Stoffwechsel der einzelnen Körperzellen in überzeugender, eindeutiger Weise zu der Annahme, daß innerhalb eines bestimmten Organismus ein großer Zellstaat in harmonischer Weise zusammenarbeitet. Die volle Harmonie in diesen Beziehungen wird, es sei dies noch einmal betont, dadurch gewährleistet, daß einerseits die Zellen des Darmes und der Leber nichts in den Kreislauf gelangen lassen, was nicht seiner Eigenart vollständig beraubt ist, und andererseits alle Körperzellen nur Stoffe an die Blutbahn abgeben, die so weit abgebaut sind, daß der zelleigene Typus zerstört ist. Es kreist somit Blut, das stets die gleichen Stoffwechselprodukte und dieselben Substanzen aufweist. Wir können von diesem Gesichtspunkte aus die Zusammensetzung des Blutes als konstant betrachten. Wahrscheinlich hat die Lymphe, die gewissermaßen zwischen die Körperzellen und das Blut eingeschaltet ist, die Aufgabe, das Blut vor einem Zuviel an den einzelnen Stoffwechselprodukten zu bewahren. Vielleicht wird auch manches Produkt, das noch ungenügend abgebaut ist, in den Lymphdrüsen vollständig zerlegt. Wir hätten in diesem Sinne das gesamte Lymphsystem als eine wichtige Kontrollstation aufzufassen. Die Lymphe mit ihren Zellen und speziell den Lymphdrüsen wacht darüber, daß nicht blutfremdes Material in das Blut hereingelangt.

Von den gegebenen Gesichtspunkten aus ergeben sich Ausblicke auf die Bedeutung einer Invasion von Organismen aller Art für den tierischen Organismus. Die Abgeschlossenheit des gesamten Organismus ist sofort gestört, sobald sich innerhalb des Organismus an irgend einer Stelle fremdartige Zellen ansiedeln. In diesem Momente sind in die übrigen, harmonisch aufeinander eingestellten Gewebzellen Zellen eingeschaltet, die eine vollständig fremdartige Organisation besitzen. Diese fremden Zellen haben entsprechend ihrer ganzen Struktur und Konfiguration einen eigenartigen Stoffwechsel. Sie führen diesen unentwegt im neuen Organismus fort. Sie geben mannigfaltige Stoffwechselendprodukte an das Blut ab. Ferner zerfallen da und dort Zellen, und es gelangen Bestandteile in das Blut hinein, die sowohl art- als natürlich auch vollständig blut- und zellfremd sind. Die gesamte Regulation des Stoffwechsels ist auf das Schwerste geschädigt. Wohl wachen die Zellen der Darmwand nach wie vor darüber, daß von dieser Stelle aus nichts Fremdartiges in den Organismus einbricht. Auch sind die einzelnen Körperzellen nach wie vor bemüht, an das Blut nur Stoffe abzugeben, die nicht mehr zelleigen sind. Die gesamte Organisation in der Zusammenarbeit der verschiedenartigen Körperzellen ist jedoch dadurch gestört, daß beständig fremdartige Stoffe von diesen Eindringlingen abgegeben werden. Genau dieselben Verhältnisse haben wir vor uns, wenn aus irgendeinem Grunde Körperzellen ihre Struktur verändern und einen Stoffwechsel sich zu eigen machen, der den übrigen Körperzellen vollständig fremd ist. Entwickeln sich z. B. Krebszellen oder Sarkomzellen, dann haben wir Zellen vor uns, die sich dem gesamten übrigen Zellstaate nicht mehr bei- oder unterordnen. Diese Zellen haben offenbar eine gewisse Selbstständigkeit erlangt. Sie unterhalten keine direkten Beziehungen mit den verschiedenartigen Körperzellen. Sie sind gewissermaßen außerhalb des Verbandes der Zellen eines bestimmten Organes getreten. Auch hier haben wir offenbar Sekretstoffe vor uns, Stoffwechselprodukte, die für das Blut fremd sind. Ferner können wir uns vorstellen, daß auch hier Zellen zerfallen und Produkte in das Blut übergehen, die vollständig blutfremd wirken.

Diese Vorstellungen ergeben die Möglichkeit, die Wirkung von fremdartigen Organismen aller Art und speziell von Mikroorganismen innerhalb des Organismus, und die Beziehungen dieser Zellen zu den übrigen Körperzellen von allgemein physiologischen Gesichtspunkten aus zu betrachten. Es schien uns wohl der Mühe wert, derartigen Gedankengängen nachzugehen, und den Versuch zu wagen, durch direkte Versuche und Beobachtungen engere Beziehungen zwischen den beiden Forschungsgebieten Physiologie und Immunitätslehre zu knüpfen.

Wir legten uns zunächst die Frage vor: Welche Maßregeln ergreift der tierische Organismus, wenn in seinen Körper und speziell in sein Blut hinein Stoffe gelangen, die art- oder auch nur blutfremd sind? Ist ihm die Möglichkeit versagt, sich gegen derartige Stoffe zu wehren, oder aber haben die Körperzellen auch jenseits des Darmkanals noch die Fähigkeit bewahrt, Stoffe, die dem Organismus fremd sind durch weitgehenden Abbau in indifferente Bruchstücke zu zerlegen, die dann die Zellen zum Aufbau neuen Materials oder als Energiequelle benutzen können?

Um dieses Problem in einwandfreier Weise lösen zu können, waren Voruntersuchungen auf breitester Basis notwendig. Zunächst mußte festgestellt werden, in welcher Art und Weise die einzelnen Körperzellen die ihnen mit dem Blut normalerweise zugeführten Nahrungsstoffe verwenden. Verbrennt die einzelne Körperzelle kompliziert zusammengesetzte Nahrungsstoffe direkt, oder aber baut sie diese jedesmal bis zu einfachen Bruchstücken ab, und zerlegt sie dann diese stufenweise weiter, bis schließlich der ganze Energievorrat, soweit der Organismus ihn in Freiheit setzen kann, der Zelle zur Verfügung gestellt ist, und die Stoffwechselendprodukte in Erscheinung treten?. Alle bis jetzt nach dieser

Richtung ausgeführten Untersuchungen führen zu der Vorstellung, daß jede einzelne Körperzelle im allgemeinen mit wenigen Ausnahmen über dieselben oder doch ähnliche Hauptfermente verfügt, wie sie von den Zellen der Verdauungsdrüsen in den Darmkanal hinein abgegeben werden. Die Fermente brauchen nicht in allen Einzelheiten identisch zu sein. Es wäre möglich, daß die von den Drüsen des Darmkanals abgegebenen Fermente in ihrer Art mannigfaltiger sind weil ja mit der Nahrung von außen her ein viel heterogeneres Gemisch von einzelnen Produkten zugeführt wird, als wir es in den bereits umgewandelten, in der Blut- und Lymphbahn kreisenden Nahrungsstoffen der Körperzellen vor uns haben. Es ist auch möglich, daß Unterschiede in der Art des Abbaus und damit in den entstehenden Spaltprodukten sich finden. Festgestellt ist, daß die Körperzellen imstande sind, Fette hydrolytisch in Alkohol und Fettsäuren zu spalten. Ferner können sie kompliziert gebaute Kohlehydrate, speziell das Glykogen, über Dextrine zur Maltose abbauen. Die gebildete Maltose wird von dem Ferment Maltase in zwei Moleküle Traubenzucker zerlegt. Ebenso wissen wir, daß in den verschiedenartigsten Körperzellen Fermente vorhanden sind, die Eiweiß in Peptone spalten. Diese werden weiter zu einfacheren Bruchstücken abgebaut. Schließlich bleiben Aminosäuren übrig, die dann einem weiteren Abbau unterliegen. Es konnte weiterhin gezeigt werden, daß die Körperzellen imstande sind, säureamidartig verkettete

Aminosäuren, sog. Polypeptide, in ihre Bausteine zu zerlegen. Diese Fermente sind peptolytische genannt worden. Ihr Nachweis glückte im Tier- und Pflanzenreich in den verschiedenartigsten Zellarten. Bei den Pflanzen sind sie nicht immer in aktivem Zustand vorhanden. Sie treten z. B. in Samen erst in Erscheinung, wenn diese keimen. Ebenso werden sie, wie Iwanow in meinem Institute zeigen konnte, vermißt, wenn die Pflanzen zur Winterszeit ruhen. Beim Foetus sind sie schon recht früh nachweisbar. Sie konnten z. B. beim Hühnchen schon am 7. Tage der Entwicklung festgestellt werden. Bei Schweineembryonen traten aktive peptolytische Fermente etwa am 40. Tage auf. Der Nachweis der peptolytischen Fermente läßt sich auf verschiedenem Wege führen. Einmal kann man nach dem Vorgehen von Eduard Buchner die Zellen bestimmter Gewebe oder auch einzelne Zellen durch Zerreiben mit Quarzsand vollständig zerstören und bewirken, daß der Zellinhalt ausfließt. Dann wird das Gemisch mit Kieselguhr vermischt. Diese nimmt aus den Zelltrümmern gierig Flüssigkeit auf. Es entsteht eine leicht knetbare, plastische Masse. Jetzt wird aus dieser der aufgenommene Saft unter hohem Druck — bis zu 300 Atmosphären — ausgepreßt und durch eine Tonkerze filtriert. Man erhält einen klaren Saft, der vielerlei Bestandteile der Zellen enthält, dem jedoch deren ursprüngliches Gefüge natürlich ganz fehlt. In einem solchen Preßsafte kann man allerlei Fermentwirkungen nachweisen und zeigen, daß mancher Prozeß genau in der gleichen Richtung abläuft, wie wenn die Zelle noch als Ganzes erhalten wäre. Dagegen fehlt der Hauptlebensprozeß, die Verbrennung. Schon geringfügige Verletzungen der Zelle genügen, um diesen wichtigen Prozeß aufzuheben. Es sind im Preßsafte in gewissem Sinne nur noch die vorbereitenden Funktionen erhalten, alles Prozesse, die wir auf Fermente zurückzuführen gewohnt sind. Gibt man zu einem solchen Preßsafte ein Pepton, das sehr schwer lösliche Aminosäuren, wie z. B. Tyrosin oder Cystin enthält, oder eine Peptonart, an deren Aufbau eine Aminosäure beteiligt ist, die im Momente ihrer Abspaltung sich mit Hilfe einer Farbreaktion leicht erkennen läßt[1]), dann kann man mühelos verfolgen, ob er ein das zugesetzte Pepton spaltendes Ferment enthält. Das Ausfallen der betreffenden Aminosäuren oder das Auftreten der Farbreaktion verkündet, daß das spaltende Agens zugegen ist.

Noch eindeutigere Verhältnisse erhält man, wenn man Verbindungen von bekannter Struktur, z. B. Polypeptide, an deren Aufbau die genannten Aminosäuren beteiligt sind, zu diesen Untersuchungen wählt. Oder man verfolgt die Spaltung im Polarisationsrohr. Man mischt eine bestimmte Menge des Preßsaftes mit einer abgemessenen Lösung eines optisch aktiven Polypeptides von bekanntem Gehalte, füllt das Gemisch in ein Polarisationsrohr ein und bestimmt nun rasch das

---

[1]) Dies ist z. B. beim Tryptophan der Fall.

Drehungsvermögen der Lösung. Stellt man dann von Zeit zu Zeit die Drehung wieder fest, dann erhält man einen Einblick in die Art des Abbaus. An Stelle von optisch-aktiven Polypeptiden können wir auch Razemkörper wählen. Sie sind optisch inaktiv, weil sie aus zwei Hälften von gleich stark in entgegengesetzter Richtung drehenden Komponenten bestehen. Die peptolytischen Fermente zerlegen im allgemeinen nur solche Polypeptide, die aus den in der Natur vorkommenden optisch-aktiven Aminosäuren aufgebaut sind. Haben wir ein razemisches Polypeptid, dessen eine Hälfte diese Bedingung erfüllt, dann wird dieser Teil in seine Komponenten zerlegt, und es bleibt diejenige Hälfte übrig, die aus Aminosäuren besteht, die sich in der Natur nicht finden. Wir erkennen diese asymmetrische Spaltung daran, daß das ursprünglich optisch-inaktive Gemisch optisch aktiv wird.

Ein Beispiel möge diese Verhältnisse klar legen. In der Natur kommen die Aminosäuren l-Leucin und d-Alanin vor, während d-Leucin und l-Alanin noch nie unter den Abbauprodukten der Proteine gefunden worden sind. Lassen wir peptolytische Fermente auf den Razemkörper d-Alanyl—l-leucin + l-Alanyl—d-leucin einwirken, dann erhalten wir die Aminosäuren l-Leucin und d-Alanin, und es bleibt die Verbindung l-Alanyl—d-leucin übrig. Diese ist optisch aktiv.

Besonders interessante Resultate werden erhalten, wenn optisch-aktive Polypeptide zur Untersuchung gewählt werden, an deren Aufbau mehrere Aminosäuren beteiligt sind. Da bei diesen Körpern das Drehungsvermögen jeder einzelnen möglichen Abbaustufe genau bekannt ist, so läßt sich in exaktester und eindeutigster Weise erkennen, an welcher Stelle das peptolytische Ferment bestimmter Gewebe den Angriff auf das verwendete Substrat eröffnet. Wir haben somit ein Mittel an der Hand, um Fermente verschiedener Herkunft zu vergleichen, und damit ist die Möglichkeit gegeben, in feinster Weise spezifisch wirkende peptolytische Fermente zu erkennen. Der weitere Ausbau dieses Forschungsgebietes unter Verwendung möglichst mannigfaltiger Substrate aus allen Klassen von Stoffen ist berufen, die Frage nach der Eigenart bestimmter Zellarten in mancher Hinsicht zu beantworten. Man wird in Zukunft imstande sein, bestimmte Zellen an der Art, wie sie Substrate, über deren Aufbau wir selbstverständlich genau orientiert sein müssen, abbauen, zu erkennen. Ein Beispiel möge diese Art des Studiums der Zellfermente klar machen.

Die folgende Übersicht gibt Auskunft über das Drehungsvermögen von drei aus drei Aminosäuren bestehenden Polypeptiden. Gleichzeitig ist das optische Verhalten der einzelnen Spaltstücke angegeben.

1. $+20°$ 2. $-64°$
   l-Leucyl-glycyl-d-alanin   Glycyl-d-alanyl-glycin
   $+10°$ $0°$ $+2,4°$ $0°$ $+2,4°$ $0°$
       $85°$ $+50°$
            $-50°$ $-50°$

3.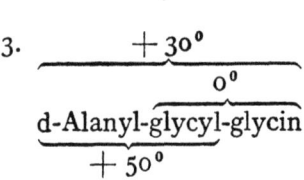

Die Erklärung des Beispiels 3 erläutert auch die anderen. Das Tripeptid d-Alanyl-glycyl-glycin dreht $+30°$. Würde von einem Ferment zuerst Glycin (= Glykokoll) abgespalten, dann entstünde das Dipeptid d-Alanyl-glycin (vgl. S. 43, I). Das Drehungsvermögen der Lösung müßte nach rechts ansteigen, weil d-Alanyl-glycin stärker nach rechts dreht als das Ausgangsmaterial. Würde dagegen zuerst d-Alanin frei, dann müßte das Drehungsvermögen rasch auf $0°$ sinken, denn das entstehende Dipeptid Glycyl-glycin ist optisch inaktiv (Vgl. II, S. 43).

Endlich können wir, um peptolytischen Fermenten in Geweben nachzuspüren, Peptone und Polypeptide, die schwer lösliche Aminosäuren enthalten, in Gewebe einspritzen und an Ort und Stelle beobachten, ob es zur Abscheidung von Aminosäuren kommt.

Bei all diesen Versuchen ist die Mitwirkung von Mikroorganismen peinlichst ausgeschaltet worden. Es kann keinem Zweifel unterliegen, daß den Gewebszellen diese Fermente selbst zukommen. Das Gleiche gilt für die auf Fette, Kohlehydrate, Nukleoproteide, Nukleinsäuren, Phosphatide usw. eingestellten Fermente. Alles deutet darauf hin, daß die Zelle über Agentien verfügt, die ihr gestatten, all die kompliziert gebauten Stoffe, die ihr

I.

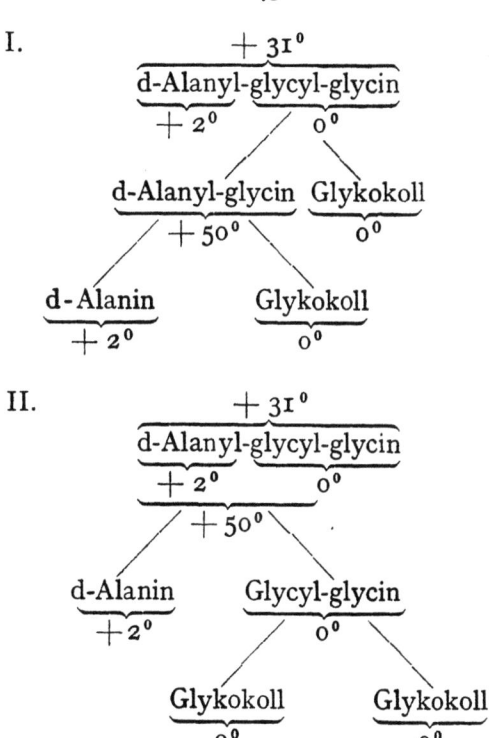

II.

zugeführt werden und die sie zum Teil selbst aufbaut, bis zu den einfachsten Bausteinen zu spalten. Für diese Annahme spricht außer dem direkten Nachweis der Fermente vor allem auch die Beobachtung, daß im Zellstoffwechsel all jene Bausteine vorübergehend anzutreffen sind, aus denen sich die kompliziert gebauten Nahrungsstoffe und Zellbestandteile aufbauen.

Es unterliegt heutzutage keinem Zweifel mehr, daß ein gewichtiger Teil der Zellstoffwechselprozesse durch

Fermente herbeigeführt wird. Ganz allgemein werden durch Hydrolyse kompliziert gebaute Stoffe von Stufe zu Stufe abgebaut, bis die einfachsten Bausteine gebildet sind. Sind diese einmal entstanden, dann geht der weitere Abbau wieder stufenweise über mannigfaltige Zwischenprodukte entweder zu den Stoffwechselendprodukten, oder aber die gebildeten Spaltprodukte bilden das Ausgangsmaterial zu neuen Synthesen. Es werden von diesen Produkten aus die mannigfachsten Brücken von einer Gruppe von Stoffen zu einer ganz anderen geschlagen.

Es ist somit bewiesen, daß in gewissem Sinne jede einzelne Körperzelle verdauen kann, es gilt dies namentlich auch von den weißen und roten Blutkörperchen, ja selbst die Blutplättchen sind noch imstande, hydrolytische Spaltungen durchzuführen. Dem Blutplasma kommt bei dem größten Teil der Tiere und auch beim Menschen eine spaltende Wirkung von Eiweißstoffen, Peptonen und Polypeptiden nicht zu, wenigstens nicht in mit den jetzigen Methoden nachweisbarem Umfange. Auch eine fettspaltende Wirkung scheint oft zu fehlen. Dagegen wird vielfach behauptet, daß dem Blute stets eine diastatische, d. h. komplizierte Kohlehydrate spaltende Wirkung zukommt. Unter normalen Verhältnissen ist offenbar das Blutplasma im allgemeinen nicht auf eine Verdauung eingerichtet. Nur beim Meerschweinchen liegen unzweifelhaft besondere Verhältnisse vor, indem das Blutplasma hier andere Eigenschaften zeigt, und zum Teil unter normalen Verhältnissen auch solche Polypeptide spaltet, die vom Blutplasma anderer Tiere gar nicht angegriffen werden. Worauf diese Besonderheit des Verhaltens des Plasmas beim Meerschweinchen beruht, können wir zur Zeit nicht sagen. Daß das Blutplasma im allgemeinen eine verdauende Kraft nicht besitzt, ist offenbar so aufzufassen, daß unter normalen Verhältnissen eben nie Stoffe ins Blut hineingelangen, die blutfremd sind und eines raschen Abbaus bedürfen.

Nachdem diese Beobachtungen gemacht waren, konnte die Frage in Angriff genommen werden, ob das Blutplasma neue Eigenschaften zeigt, wenn dem Organismus blutfremde und zunächst körperfremde Substanzen mit Umgehung des Darmkanals zugeführt werden. Die Versuchsanordnung war die folgende.

Es wird zunächst der Gehalt des Blutplasmas resp. -serums eines Tieres an proteolytischen und peptolytischen Fermenten unter normalen Verhältnissen, d. h. bei normaler Ernährung geprüft. Die Vornahme dieser Prüfung gestaltet sich, wie folgt. Es werden dem Versuchstiere, z. B. einem Hunde, aus der Vena jugularis externa oder einer Beinvene etwa 10 ccm Blut entnommen. Man läßt dieses entweder spontan gerinnen und gewinnt Serum, oder man gibt in das Röhrchen, in dem man das Blut auffangen will, 0,1 g Ammonoxalat. Dadurch wird die Gerinnung des Blutes verhindert. Beim Zentrifugieren setzen sich dann die Formelemente ab, und es läßt sich das klare Plasma leicht mit der Pipette abheben. In beiden Fällen prüft man — Serum und Plasma — auf die Abwesenheit von Blutfarbstoff. Ist solcher vorhanden, dann sind rote Blutkörperchen zerfallen. In diesem Falle ist die Gefahr groß, daß auch die diesen zugehörenden Fermente in die Blutflüssigkeit übergetreten sind. Nur absolut hämoglobinfreies Serum und Plasma darf deshalb zu diesen Versuchen benutzt werden. Man fügt zu einer abgemessenen Menge Serum resp. Plasma eine bestimmte Anzahl Kubikzentimeter einer Eiweiß-, Pepton- oder Polypeptidlösung von bekanntem Gehalte an Substrat, füllt die Mischung in ein Polarisationsrohr (vgl. Fig. 1) ein und bestimmt rasch das Drehungsvermögen mittels eines guten Polarisationsapparates (vgl. Fig. 2). Das Rohr wird dann in einen Brutschrank gebracht und von Zeit zu Zeit das Drehungsvermögen wieder festgestellt. Um Täuschungen zu entgehen, wird gleichzeitig ein Polarisationsrohr mit den entsprechenden Mengen Plasma resp. Serum + physiologischer Kochsalzlösung — die der Substratlösung entsprechende Menge — gefüllt unter den gleichen Bedingungen im Polarisationsapparat beobachtet, und endlich wird auch eine Probe mit der Substratlösung allein angesetzt. Damit das Rohr sich während der Beobachtung nicht abkühlt, wird sein Mantel mit Wasser von 37° gefüllt. Ferner ist es zweckmäßig, dem Gemisch eine abgemessene

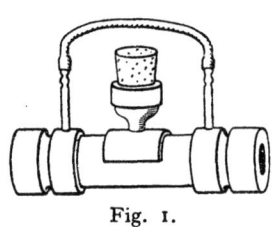

Fig. 1.

Menge eines Phosphatgemisches zuzugeben, damit die Fermentwirkung nicht durch Änderungen der Reaktion des Gemisches beeinflußt wird. Bei diesen Versuchen konnte nie eine Spaltung von Proteinen und Peptonen festgestellt werden, sofern das Blut von gesunden, normal ernährten Tieren stammte.

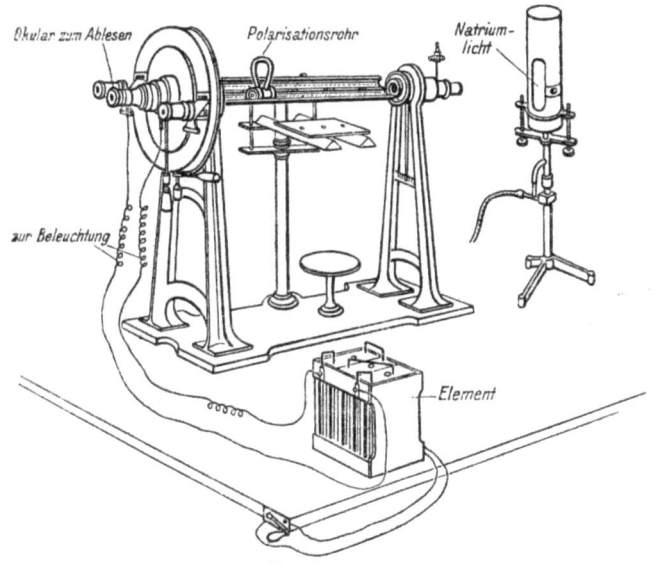

Fig. 2.

Jetzt werden dem gleichen Versuchstier, d. h. bei dem Tier, dessen Plasma resp. Serum man untersucht hat, bestimmte Stoffe direkt in den Organismus eingeführt, d. h. es wird die abbauende Wirkung der Fermente des Darmkanals künstlich umgangen. Entweder werden die Substanzen unter die Haut gespritzt, oder in die Bauchhöhle, oder aber direkt in die Blutbahn hineingebracht. Nach einiger Zeit wird dann Blut entnommen und mit dem Serum resp. Plasma genau so verfahren, wie es oben geschildert wurde.

Die ersten Versuche wurden mit Hunden und Kaninchen ausgeführt. Es wurde diesen Tieren Eiereiweiß oder Pferdeblutserum parenteral, d. h. mit Umgehung des Darmkanals zugeführt, und dann geprüft, ob das Plasma der behandelten Tiere bestimmte Polypeptide spaltete resp. rascher spaltete als das Plasma desselben Tieres vor der Injektion des blutfremden Materiales. Schon die ersten Versuche ergaben einen positiven Befund. Es zeigte sich, daß der Gehalt des Blutes an peptolytischen Fermenten ein größerer war. Bei einer weiteren Untersuchung wurde Seidenpepton gespritzt. Es ergab sich, daß das Serum normaler Kaninchen Seidenpepton gar nicht abbaut, d. h. es blieb das Drehungsvermögen des Gemisches von Plasma plus Seidenpeptonlösung konstant. Wurde jedoch Serum von solchen Tieren, denen dieses Pepton eingespritzt worden war, mit Seidenpepton zusammengebracht, und dann im Polarisationsrohr rasch die Drehung abgelesen, dann ergab sich, daß die so bestimmte Anfangsdrehung im Laufe der Zeit sich änderte.

Es folgten dann Versuche mit Gliadin, Pepton aus Gelatine, aus Edestin und aus Kasein. Ferner wurden Edestin und Kasein selbst gespritzt. Das Resultat war in allen Fällen dasselbe. Stets ließ sich nach der Zufuhr blutfremden Materiales im Plasma resp. Serum des behandelten Tieres die Eigenschaft nachweisen, Stoffe, die den Proteinen zugehören, speziell Proteine selbst und deren Peptone, abzubauen. Eine spezifische Wirkung der zugeführten Substrate scheint nur insofern vorzuliegen, als nach der Einspritzung von Proteinen und Peptonen Fermente im Plasma nachweisbar waren, die Abkömmlinge dieser Gruppe abbauten, jedoch nicht z. B. Fette und Kohlehydrate. Umgekehrt konnte nach Einspritzung von Fetten, von Kohlehydraten und auch von Aminosäuren keine Spaltung von Proteinen nachgewiesen werden. Dagegen wurde nach Einspritzung eines bestimmten Proteins oder eines bestimmten Peptongemisches aus einem bestimmten Protein nicht nur das gespritzte Material vom Plasma abgebaut, sondern die Spaltung betraf die ganze Gruppe der Proteine und der nächsten Abbaustufen.

Daß es sich tatsächlich um die Anwesenheit von Fermenten handelt, konnte auf zwei Wegen bestätigt werden. Einmal wurde die Spaltung einer bestimmten Peptonlösung durch das Plasma vorbehandelter Tiere verglichen mit der Einwirkung von Hefepreßsaft auf dasselbe Pepton. Es konnte gezeigt werden, daß der Abbau in beiden Fällen ein sehr ähnlicher war, d. h. die Anfangsdrehung änderte sich im gleichen Sinne, gleichgültig, ob Plasma von vorbehandelten Tieren benutzt wurde, oder aber aktiver Hefepreßsaft. Besonders eindeutig bewies der folgende Versuch, daß in der Tat Plasma vom vorbehandelten Tiere Proteine abbaut. Es wurde solches mit Gelatine, resp. mit Eiereiweiß zusammengebracht und das Gemisch in einen Dialysierschlauch gefüllt. Nach kurzer Zeit konnte in der Außenflüssigkeit — gewählt wurde destilliertes Wasser — mit Hilfe der Biuretreaktion Pepton nachgewiesen werden. Wurde Plasma von normalen Tieren mit Eiweißkörpern im Dialysierschlauch zusammengebracht, dann ließ sich selbst nach vielen Tagen in der Außenflüssigkeit kein die Biuretreaktion gebender Körper auffinden. Schließlich ist neuerdings noch nachgewiesen worden, daß beim Zusammenbringen von Plasma resp. Serum vorbehandelter Tiere mit Eiweiß der Stickstoffgehalt der Außenflüssigkeit in bedeutend höherem Maße ansteigt, als wenn Plasma von normalen Tieren und Eiweiß zusammengebracht werden. Im letzteren Falle ist die Zunahme des Stickstoffgehaltes der Außenflüssigkeit keine größere, als wenn die entsprechende Menge Plasma allein, d. h. ohne Zusatz von Eiweiß in den Dialysierschlauch hineingebracht wird.

Wurde das Plasma vorbehandelter Tiere, das, wie spezielle Versuche ergeben haben, aktiv war, d. h. Proteine und Peptone spaltete, kurze Zeit auf 60° erwärmt, dann wurde es inaktiviert, d. h. es ließ sich keine spaltende Wirkung mehr nachweisen.

Die erwähnten Befunde sind durch sehr viele Versuche immer und immer wieder bestätigt worden. In allen Fällen wurden selbstverständlich auch bei den Versuchen mit dem Plasma resp. Serum vorbehandelter Tiere Kontrollversuche einerseits mit Peptonlösung allein, anderseits mit dem Plasma allein ausgeführt. Ferner wurde immer wieder durch Erwärmen auf 60⁰ inaktiviert, um ja jeder Täuschung vorzubeugen. Die Dialysierversuche endlich zeigten, daß die mit Hilfe der sog. optischen Methode gemachten Beobachtungen vollständig richtig gedeutet worden waren. Erwähnt sei noch, daß auch jodierte Eiweißkörper gespritzt worden sind. Es ließ sich keine spaltende Wirkung des Blutplasmas hervorrufen. Aus anderen Untersuchungen wissen wir, daß jodierte Eiweißkörper schwer oder gar nicht abgebaut werden. Wahrscheinlich sind sie dem Körper so fremdartig, daß der Organismus mit Hilfe seiner Werkzeuge, seinen Fermenten, keinen Angriffspunkt findet, um den Abbau in die Wege zu leiten.

Einige Beispiele, die in Kurvenform die von Zeit zu Zeit beobachtete Zerlegung des Gemisches von Plasma resp. Serum $+$ Substrat (Eiweiß resp. Pepton) wiedergeben, mögen das oben Erläuterte belegen:

1. Ein Hund, dessen Serum keine Peptone spaltete, erhielt am 25. und 29. November und am 4. Dezember 0,5 g Kasein subkutan. Das zu dem folgenden Versuche verwendete Blut war am 6. Dezember entnommen worden. Das Polarisationsrohr wurde mit einem Gemisch von 0,5 ccm Serum, 0,5 ccm Seidenpeptonlösung (10 prozentige) und 7 ccm physiologischer Kochsalzlösung gefüllt. Vergl. Fig. 3, S. 52.

2. Ein Hund erhielt wiederholt subkutan kristallisiertes Eiweiß aus Kürbissamen. Die letzte Injektion fand am 8. Dezember statt. Es wurden 8 g des Ei-

weißes zugeführt. Das Serum wurde am folgenden Tage untersucht. Zur Beobachtung wurde 1,0 ccm Serum mit 0,5 ccm einer 10prozentigen Gelatinepeptonlösung und 2,5 ccm physiologischer Kochsalzlösung gemischt (vergl. Fig. 4).

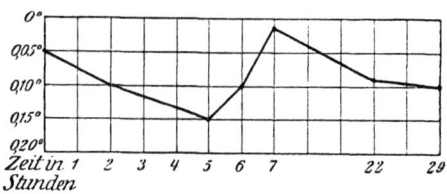

Fig. 3.

3. Der Versuchshund erhielt am 18. Oktober 3 ccm einer 10 prozentigen Seidenpeptonlösung subkutan. Am 21. Oktober wurde Blut entnommen. Das Serum spaltete sowohl Seidenpeptonlösung (Kurve a in Fig. 5) als auch Gelatine (Kurve c in Fig. 5). Beim Erwärmen auf 60° wurde das Serum inaktiv (Kurve b in Fig. 5).

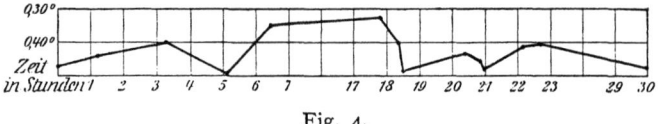

Fig. 4.

Es sei gleich hier erwähnt, daß wir von vorneherein daran gedacht haben, daß die von uns beobachteten Erscheinungen mit der sog. Anaphylaxie, der Überempfindlichkeit, in irgendeinem Zusammenhang stehen könnten. Wir verstehen darunter die merkwürdige Eigenschaft des tierischen Organismus, auf eine zweite Injektion des Materiales, das zur ersten Injektion benutzt worden ist, mit typischen Symptomen zu antworten. Es vergeht eine gewisse Zeit — beim Meerschweinchen ca. 15—20 Tage — bis dieser Zustand sich auslösen läßt. Man beobachtet Krämpfe verschiedener Muskelgruppen, Temperatursturz usw. Verschiedene

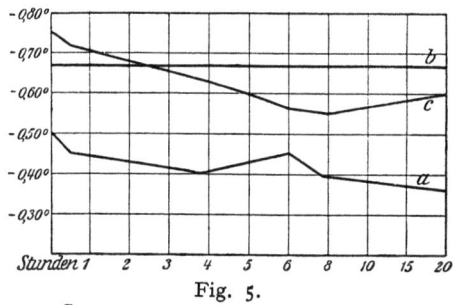

Fig. 5.

a. 1 ccm Serum.
 0,5 ccm einer 10 prozentigen Seidenpeptonlösung.
 5,0 ccm physiologische Kochsalzlösung.
b. 1 ccm auf 60° erwärmtes Serum.
 0,5 ccm einer 10 prozentigen Seidenpeptonlösung.
 5,0 ccm physiologische Kochsalzlösung.
c. 1 ccm Serum.
 1 ccm einer 1 prozentigen Gelatinelösung.
 4,5 ccm physiologische Kochsalzlösung.

Autoren haben angenommen, daß die Anaphylaxie in Beziehung zur Bildung von Abbauprodukten aus Proteinen, speziell von Peptonen, stehe, ohne daß es jedoch geglückt wäre, einen eindeutigen Beweis für diese Anschauung zu erbringen. Erst späterhin ist versucht worden durch Einspritzung von Peptonen Erscheinungen hervorzurufen, die den im anaphylaktischen

Shock auftretenden ähnlich sind. Es ist schwer, einwandfrei zu entscheiden, welche Rolle die von uns beobachteten Fermente beim Zustandekommen der Anaphylaxie spielen. Es spricht manches gegen die Annahme einer direkten Beziehung. Es ist klar bewiesen worden, daß die Fermente schon zu einer Zeit im Blute vorhanden sind, zu der sich der anaphylaktische Shock durch die wiederholte Injektion des Materiales, das bei der ersten Einspritzung verwendet worden ist, noch nicht auslösen läßt. Ferner ist bereits betont worden, daß diese Fermente nur innerhalb der Stoffgruppe, die zur Injektion benutzt worden ist, spezifisch sind, nicht aber für den injizierten speziellen Körper. Hermann Pfeiffer konnte allerdings nachweisen, daß während der dem anaphylaktischen Shock folgenden sog. Antianaphylaxie, — einem Stadium, während dessen das Tier vollständig unempfindlich für eine weitere Reinjektion ist, — die fermentativen Eigenschaften des Plasmas verschwinden.

Fassen wir alle bis jetzt erhobenen Befunde zusammen, dann kommen wir zu der Anschauung, daß die von uns gemachten Beobachtungen über das Auftreten von Fermenten im Blutplasma nach der Einspritzung von blutfremden Proteinen und Peptonen unzweifelhaft in rgend einem Zusammenhang mit der Anaphylaxie stehen. Fraglich bleibt nur, welche spezielle Bedeutung ihnen zukommt. Es wäre denkbar, daß die Fermente im Laufe der Zeit besondere Eigenschaften annehmen und dann vielleicht beim Abbau des zum zweitenmal gespritzten

Eiweißes ganz besondere Abbaustufen liefern, die eine spezielle Wirkung entfalten[1]).

Es sind noch viele andere Möglichkeiten gegeben. Der Abbau braucht sich ja nicht ausschließlich im Blute zu vollziehen. Wir haben mit unserer Methode bis jetzt nur das Erscheinen von Fermenten im Plasma resp. Serum nachgewiesen, und zwar konnte das geschehen, weil normalerweise im Blutplasma bestimmter Tiere die von uns nach der parenteralen Zufuhr von Proteinen und Peptonen aufgefundenen Fermente nicht nachweisbar sind. Es ist nicht unwahrscheinlich, daß nach der Zufuhr von artfremdem Materiale auch in den Körperzellen neue Eigenschaften auftreten und in diesen ebenfalls der Abbau dieser körperfremden Stoffe vorgenommen wird. Es würde in gewissem Sinne jede einzelne Zelle, der das fremdartige Material zugeführt wird, genau so, wie das einzellige Lebewesen, den Kampf mit diesem aufnehmen, sofern sie über Waffen „Fermente" verfügt, um den Angriff wirksam durchzuführen. Sie kann jedoch auch, genau so, wie die einfachsten Organismen, durch die Beschaffenheit und Art der Zellwand sich vor dem Eindringen dieser Substrate schützen und abwarten, bis anderswo der Umbau dieses Materiales so weit gediehen ist, daß nun alles Fremdartige verschwunden und ein indifferentes Produkt entstanden ist.

---

[1]) Andere Substrate, die gleichfalls abgebaut werden, brauchten ja nicht dieselben Abbauprodukte zu geben. Damit wäre eine spezifische Wirkung für das zuerst gespritzte Material gesichert.

Schließlich braucht das ganze Anaphylaxieproblem nicht einzig allein von rein chemischen Gesichtspunkten aus lösbar zu sein. Weshalb sollten nicht Störungen, hervorgerufen durch Verschiebung des osmotischen Gleichgewichtes oder Wirkungen besonderer Ionen im Zusammenhang mit den anderen beobachteten Erscheinungen in Betracht kommen? (vgl. hierzu auch 13a). Je weiter derartige Probleme in ihren Grenzen gefaßt werden, um so mehr Wahrscheinlichkeit besteht, daß durch experimentelle Prüfung aller Möglichkeiten der richtige Weg zur Erklärung der auftretenden Phänomene gefunden wird. Es wäre sicherlich verkehrt, wollte man das Studium der Anaphylaxie allein auf das Verhalten des Blutes beschränken. Wahrscheinlich spielen in letzter Linie die Körperzellen beim Zustandekommen der Anaphylaxie die Hauptrolle. Im Verhalten des Blutplasmas spiegeln sich vielleicht die Abwehrmaßregeln der Körperzellen wieder (vgl. hierzu 1). Vielleicht kommen auch von Fall zu Fall nur ganz bestimmte Zellarten in Betracht.

Von besonderem Interesse war es, zu prüfen, wie der Organismus reagiert, wenn ihm Blut der eigenen Art und solches von anderen Tierarten in die Blutbahn eingeführt wird. Im letzteren Fall traten im Plasma Fermente auf, die Eiweiß und Peptone spalten. Wurde arteigenes Blut gewählt, dann blieb jede Reaktion aus, wenn das Blut von einem Tier der gleichen Rasse stammte. Wurde dagegen einem Hunde Blut zugeführt, das einer ganz anderen Rasse zugehörte, dann ließ sich ein Abbau in der Blutbahn nachweisen.

Man könnte gegen die erhobenen Befunde den Einwand erheben, daß das Auftreten von aktiven, Eiweiß spaltenden Fermenten in der Blutbahn zu unübersehbaren Störungen Anlaß geben könnte, indem doch auch die bluteigenen Eiweißkörper dem Angriff durch sie ausgesetzt sind. Dies ist nun offenbar nicht der Fall, denn das Plasma, das aktives Ferment enthält, behält seine Anfangsdrehung bei, auch kann man nur in Ausnahmefällen bei der Dialyse in der Außenflüssigkeit biuretgebende Stoffe nachweisen. Erst wenn man dem Plasma Proteine oder Peptone zusetzt, tritt die Fermentwirkung in Erscheinung. Wie können wir dieses a priori eigenartige Verhalten erklären? Es sind doch schon vor dem Zusatz der Proteine resp. Peptone große Mengen von Proteinen im Plasma neben aktivem Ferment vorhanden! Wir müssen stets wieder daran erinnern, daß die Fermente in mehr oder weniger ausgesprochen spezifischer Weise auf bestimmte Substrate eingestellt sind. Eine geringe Veränderung in der Struktur und Konfiguration genügt, um ein Substrat einer bestimmten Fermentwirkung zu entziehen. Genau so, wie die Fermente erst durch ein besonderes Agens in die wirksame Form übergeführt werden, werden ohne Zweifel die im Blute und in den Zellen neben den Fermenten vorhandenen Stoffe erst durch besondere Agentien in einen Zustand übergeführt, in dem sie angreifbar sind. Auch die Substrate werden in gewissem Sinne aktiviert! Der Körper schützt seine Zellen und die darin enthaltenen Substanzen vor dem Abbau durch Fermente, indem er diesen eine Struktur und Konfiguration — vielleicht spielt auch der physikalische Zustand eine Rolle — gibt, die dem Fermente fremd ist. Von diesen Gesichtspunkten aus können wir verstehen, weshalb die bluteigenen Plasmaproteine von den im Blute kreisenden Fermenten nicht angegriffen werden.

Schließlich könnte man die Frage aufwerfen, weshalb man den Abbau der parenteral zugeführten Proteine und Peptone nicht direkt durch Beobachtung des Drehungsvermögens des Plasmas ohne Zusatz von Proteinen resp. Peptonen verfolgen kann. Wenn das Auftreten proteo- und peptolytischer Fermente im Plasma den Zweck hat, den Abbau der zugeführten Substrate vorzunehmen, dann muß doch im Plasma selbst die Verdauung, der Abbau zu verfolgen sein. Es ist in der Tat geglückt, bei intravenöser Zufuhr von größeren Mengen von Proteinen und Peptonen, nachdem die Tiere durch frühere Einspritzungen schon vorbereitet waren, nach sofortiger Blutentnahme einerseits eine Änderung der Anfangsdrehung des Plasmas ohne jeden Zusatz zu beobachten und andererseits im Dialyseversuche Peptone in der Außenflüssigkeit nachzuweisen. Daß dieser Nachweis im allgemeinen nicht gelingt, d. h. daß man den Abbau des zugeführten körperfremden Materials nicht durch Beobachtung des Plasmas allein ohne Zusatz von Substraten verfolgen kann, liegt wohl in erster Linie daran, daß die eingeführten Substanzen sofort sehr stark verdünnt werden und ferner wahrscheinlich auch noch in die Lymphe und vielleicht in Körperzellen übergehen. Die optische Methode ist nicht so fein, daß sie geringfügige Drehungsänderungen feststellen ließe, und selbst wenn man solche beobachtete, ist man nicht sicher, ob die Schwankungen nicht noch innerhalb der Beobachtungsfehler liegen. Ferner geht der Abbau sicher rasch weiter, so daß wir es nur einem glücklichen Zufall zu verdanken haben, wenn wir im Plasma selbst den Abbau des injizierten Materiales verfolgen können. Das sind die Gründe, weshalb wir auf die Anwesenheit der einzelnen Fermente mittels der Substrate prüfen, auf die diese eingestellt sind. Das Substrat ist das Reagens auf das zugehörige Ferment. Sein Abbau verrät die Anwesenheit des letzteren.

Es sei bemerkt, daß die eindeutige Feststellung von proteo- und peptolytischen Fermenten im Blutplasma nach Zufuhr körperfremder Eiweißstoffe in die Blutbahn eine sichere Erklärung für das Verhalten von parenteral zugeführten Proteinen im Stoffwechsel ergaben. Es unterliegt keinem Zweifel mehr, daß diese ausgenutzt, d. h. im Stoffwechsel der Körperzellen verwertet werden, sofern nach unseren Erfahrungen ein Abbau möglich ist. Verschiedene Forscher (4, 8, 10, 11, 12, 16, 17, 18, 19), die sich mit Stoffwechselversuchen nach parenteraler Einführung von Proteinen beschäftigt haben, äußerten die Vermutung, daß ein Abbau durch Fermente jenseits des Darmkanals erfolge. Am klarsten drückt sich Heilner aus. Bewiesen wurde dieser nur vermutete Abbau jedoch erst durch den direkten Nachweis der Fermente mittels der geschilderten Versuche und Methoden.

Die Feststellung, daß es gelingt, im Blutplasma von Tieren, das Eiweißkörper und Peptone nicht spalten kann, durch parenterale Zufuhr dieser Verbindungen eine spaltende Wirkung auszulösen, führte von selbst zu der Fragestellung, ob analoge Erscheinungen auftreten, wenn man andere körper- und blutfremde Stoffe, die nicht der Eiweißkörperreihe angehören, einspritzt. Wir begannen mit der parenteralen Zufuhr von körper- und auch blutfremden Zuckerarten. Zunächst wurde festgestellt, daß das Plasma resp. Serum von Hunden nicht imstande ist, Rohrzucker zu zerlegen. Bringt man Blutserum oder -plasma vom Hunde mit einer Rohrzuckerlösung zusammen, dann kann man mit Hilfe analytischer Methoden leicht nachweisen, daß der Rohrzucker sich nicht verändert. Vor allen Dingen ist keine Spaltung eingetreten. Der Gehalt des Blutplasmas an reduzierenden Substanzen nimmt nicht zu. Nimmt man dagegen Blutplasma oder Serum von einem Hunde, dem man vorher Rohrzucker unter die Haut oder direkt in die Blutbahn eingespritzt hat, dann beobachtet man beim Zusammenbringen dieses Plasmas mit Rohrzucker, daß das Reduktionsvermögen des Gemisches erheblich zunimmt. Gleichzeitig kann man verfolgen, daß die Menge des zugesetzten Rohrzuckers eine Abnahme erfährt.

Sehr anschaulich gestalten sich diese Versuche, wenn man die spaltende Wirkung des Plasmas mit Hilfe der optischen Methode untersucht. Man nimmt in diesem Falle Plasma vom normalen Hunde und zwar eine bestimmte Menge davon, gibt dazu eine bestimmte Menge einer Rohrzuckerlösung, füllt das Gemisch in ein Polarisationsrohr ein und liest die Drehung ab. Man verfolgt dann das Drehungsvermögen von Zeit zu Zeit und bewahrt das Polarisationsrohr in der Zwischenzeit im Brutschrank bei 37° auf. Es ergibt sich, daß die Anfangsdrehung unverändert bleibt. Spritzt man nun dem gleichen Hunde, dem man das Plasma entnommen hatte, etwas Rohrzucker in die Blutbahn ein, dann kann man nach ganz kurzer Zeit nachweisen, daß nunmehr das Plasma imstande ist, Rohrzucker zu zerlegen. Die anfänglich beobachtete starke Rechtsdrehung nimmt sukzessive ab. Sie nähert sich Null und geht schließlich über Null hinaus nach links hinüber. Wir behalten schließlich eine Linksdrehung bei. Aus dem Rohrzucker ist Invertzucker geworden. Dieser besteht aus einem Molekül Traubenzucker und einem Molekül Fruchtzucker, den Bausteinen des Disaccharides Rohrzucker. Da der letztere stärker nach links dreht als der Traubenzucker nach rechts, resultiert schließlich eine Linksdrehung.

Die folgenden Beispiele geben einen Einblick in das Ergebnis derartiger Versuche.

1. Ein Hund erhielt am 22. und 23. Oktober je 5 g Rohrzucker subkutan. Das am 24. Oktober entnommene Blut wurde zur Prüfung des Verhaltens des Serums gegenüber Rohrzucker verwendet. Zu 1 ccm Serum

wurden 1 ccm einer 10%igen Rohrzuckerlösung und 5 ccm physiologische Kochsalzlösung zugegeben. Die Anfangsdrehung des Gemisches war + 0,45°. Am Schlusse des Versuches war das Drehungsvermögen auf — 0,50° gesunken.

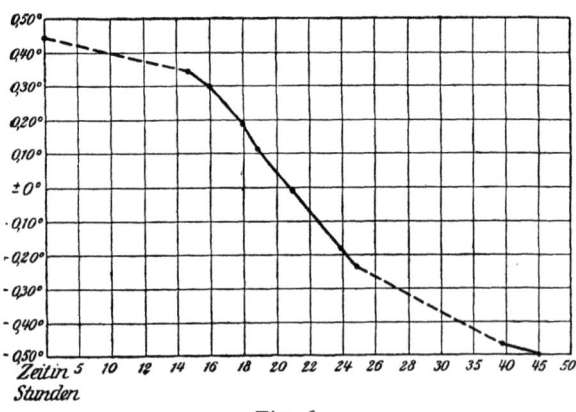

Fig. 6.

2. Einem Hund wurde vor der parenteralen Zufuhr Blut entnommen und das Verhalten des Serums gegenüber Rohrzucker festgestellt. Es fand keine Spaltung statt (Kurve 1 in Fig. 7). Nun erhielt das Tier 10 ccm einer 5%igen Rohrzuckerlösung intravenös. Die 15 Minuten nach der Injektion entnommene Blutprobe zeigte bereits Hydrolyse von zugesetztem Rohrzucker (Kurve 2 in Fig. 7). Zur Kontrolle wurde das Drehungsvermögen des Serums ohne Zusatz von Rohrzucker verfolgt (Kurve A und B in Fig. 7). Die Versuchsanordnung ergibt sich aus der folgenden Übersicht:

1. 0,5 ccm Serum (Blut vor der Injektion des Rohrzuckers entnommen),
   0,5 ccm einer 5%igen Rohrzuckerlösung,
   7,0 ccm physiologische Kochsalzlösung.
2. 0,5 ccm Serum (Blut 15 Minuten nach intravenöser Injektion von Rohrzucker entnommen),
   0,5 ccm einer 5%igen Rohrzuckerlösung,
   7,0 ccm physiologische Kochsalzlösung.
   A u. B 0,5 ccm Serum,
   7,5 ccm physiologische Kochsalzlösung.

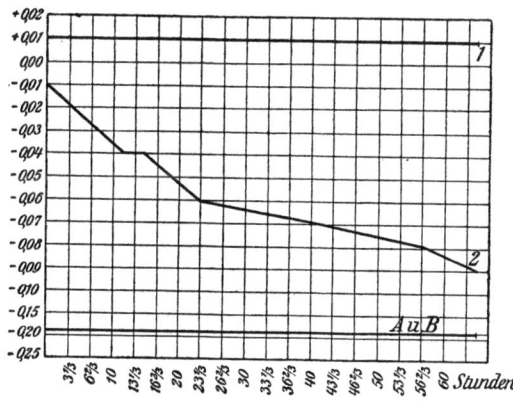

Fig. 7.

3. Weitere Versuche beschäftigten sich mit der Frage, wie lange nach erfolgter parenteraler Zufuhr von Rohrzucker sich im Blutserum noch Invertin nachweisen läßt. Nach einmaliger subkutaner Zufuhr

— 64 —

von Rohrzucker war nach 14 Tagen noch ein schwaches Spaltvermögen erkennbar (Kurve I in Fig. 8). Bei einem Hunde, der zweimal subkutan Rohrzucker erhalten hatte, ließ sich 19 Tage darauf noch eine energische Spaltung dieses Disaccharids mit Blutserum herbeiführen (Kurve II in Fig. 8). Die einmal erworbene Eigenschaft klingt somit nicht sogleich wieder ab. Die einzelnen Versuche wurden mit den folgenden Mengen an Serum und Rohrzuckerlösung durchgeführt:

I. 0,5 ccm Serum (Blut 14 Tage nach der Einspritzung des Rohrzuckers entnommen),
0,5 ccm einer 10%igen Rohrzuckerlösung,
7,0 ccm physiologische Kochsalzlösung.

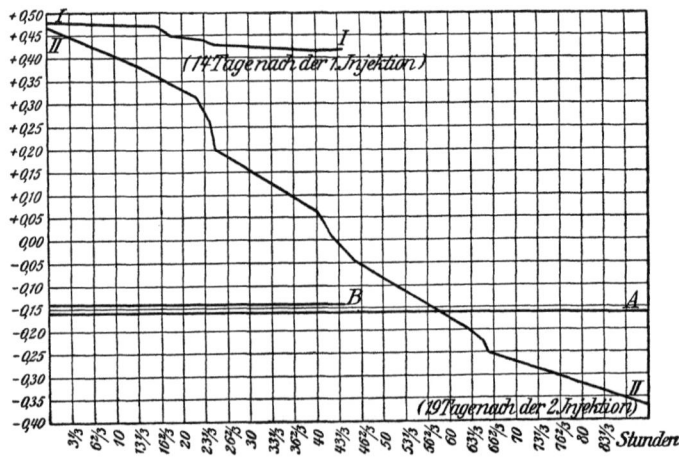

Fig. 8.

II. 0,5 ccm Serum (Blut 19 Tage nach der 2. Injektion von Rohrzucker entnommen),
0,5 ccm einer 10%igen Rohrzuckerlösung,
7,0 ccm physiologische Kochsalzlösung.

Kontrollversuch.

A u. B. 0,5 ccm Serum
7,5 ccm physiologische Kochsalzlösung.

Mit dieser Feststellung haben wir, ohne es zu wissen, Versuche bestätigt, die vor uns Weinland ausgeführt hatte. Ihm war es bereits geglückt, zu zeigen, daß das Blutplasma vom Hunde imstande ist, Rohrzucker zu spalten, d. h. Invertin besitzt, sobald man parenteral Rohrzucker zuführt. Die Versuche sind dann auf andere Zuckerarten, vor allen Dingen auf Milchzucker ausgedehnt worden. Es ließ sich zeigen, daß auch dieser verändert wird, doch scheint hier keine direkte Hydrolyse vorzuliegen, sondern ein Abbau, der in anderer Richtung verläuft. Auffallend ist die Beobachtung, daß nach Zufuhr von gelöster Stärke und auch von Milchzucker das Blutplasma resp. Serum imstande ist, Rohrzucker zu spalten. Es scheinen also auch hier nach der Zufuhr von artfremden Zuckerarten nicht nur Fermente aufzutreten, die auschließlich auf das Kohlehydrat, das gespritzt worden ist, eingestellt sind. Ferner scheint die Fähigkeit des Organismus, Fermente zu liefern, Grenzen zu haben, denn nach der Zufuhr von Raffinose ließ sich eine bestimmte

Reaktion nicht nachweisen. Wahrscheinlich ist dieses Material den Körperzellen zu fremdartig.

Interessant ist, daß der Fermentgehalt im Plasma nach der Zufuhr von artfremdem Material, seien es Produkte der Eiweißreihe, oder Stoffe der Kohlehydratreihe, recht lange anhält. Das Spaltvermögen des Plasmas konnte in einzelnen Fällen bis zu 3 Wochen nach der Injektion noch deutlich festgestellt werden. Wichtig ist ferner der Befund, daß nach intravenöser Zufuhr von Rohrzucker bereits nach einer Viertelstunde Invertin im Blutplasma nachweisbar war. Wurden Eiweißstoffe subkutan zugeführt, dann dauerte es oft mehrere Tage, bis die Fermentbildung voll zur Geltung kam.

Schließlich wurde auch das Verhalten von Produkten der Fettreihe geprüft. Hier ergaben sich zunächst Schwierigkeiten in der Methodik. Der Versuch, die Fettspaltung im Blute durch einfache Titration der gebildeten Säuren festzustellen, schlug fehl. Die Fragestellung, ob nach Zufuhr körper- und blutfremder Fette eine Zunahme des Lipasegehaltes des Blutplasmas erfolgt, konnte erst in Angriff genommen werden, nachdem Michaelis und Rona die Veränderung der Oberflächenspannung bei der Zerlegung der Fette als Grundlage einer Methode zum Studium der Fettspaltung gewählt hatten. Die Fette gehören zu den stark oberflächen-aktiven Stoffen, während die bei der Spaltung hervorgehenden Spaltprodukte, Alkohol und Fettsäuren, keinen merklichen Einfluß auf die Oberflächenspannung besitzen. Bringt man Plasma von einem normalen Tier mit einer Fettart, z. B. Tributyrin, zusammen, und läßt man das Gemisch aus einer Kapillare bestimmten Inhalts ausfließen, dann erhält man in einer bestimmten Zeit eine bestimmte Tropfenzahl. Wird nun diesem Tiere auf irgendeinem Wege Fett in die Blutbahn eingeführt, dann ergibt sich eine Änderung der Tropfenzahl. Sie nimmt ab. Nach den bis jetzt vorliegenden Erfahrungen scheinen bei Fetten kompliziertere Verhältnisse vorzuliegen als bei den Proteinen und Polysacchariden. Während nach den bisherigen Erfahrungen im Blute unter normalen Bedingungen stets Proteine bestimmter Art und offenbar auch in bestimmter Menge kreisen und auch der Kohlehydratgehalt ein in engen Grenzen konstanter ist, zeigen die Fette ein anderes Verhalten. Der Fettgehalt des Plasmas schwankt innerhalb weiter Grenzen. Nach einer fettreichen Nahrung finden wir im Blutplasma so viel Fett, daß wir es mit bloßem Auge erkennen können. Lassen wir Plasma nach einer fettreichen Nahrung stehen, dann rahmt es direkt ab. Es erscheint an der Oberfläche des Plasmas eine Fettschicht. Nach kurzer Zeit verschwindet das Fett wieder aus dem Blute. Es wird zu den verschiedenen Körperzellen geführt, da verbraucht, umgewandelt, oder auch direkt als Reservematerial deponiert. Es scheint, daß das Blut auf jedes Ansteigen des Fettgehaltes mit der Vermehrung von Lipase antwortet. Es wäre von den erörterten Gesichtspunkten aus dieses Mehr an Fett als blutfremd zu betrachten. Nur das vollständig nüchterne Tier zeigt kein oder fast kein Fettspaltungsvermögen. Nach einer fettreichen Nahrung läßt sich aktive Lipase im Blute nachweisen. Ferner konnte gezeigt werden, daß während einer längeren Hungerperiode die fettspaltende Wirkung des Blutes ansteigt. Es steht dies im Einklang mit der Erfahrung, daß während des Hungers ein lebhafter Transport von Stoffen stattfindet. Wiederholt konnten während des Hungers im Blute größere Mengen von Fett nachgewiesen werden. Wird artfremdes Fett zugeführt, dann erhält man ein besonders hohes Spaltvermögen des Plasmas für Fette.

Bei den Fettstoffen bereitet es einige Schwierigkeiten, nicht bluteigen gemachtes Fett in die Blutbahn hinein zu bekommen. Spritzt man Fette subkutan, so bleiben sie an Ort und Stelle lange Zeit liegen und werden vielleicht erst nach eingetretener Spaltung weiter transportiert. Bei intravenöser Zufuhr läuft man Gefahr, durch Fettembolien den Tod des Tieres herbeizuführen. Ein Eintritt artfremden Fettes in das Blut konnte erst erzwungen werden, nachdem eine alte Erfahrung von J. Munk zunutze gemacht wurde. Wird nämlich eine große Menge von Fett verfüttert, dann läßt sich dieses in den Geweben und selbstverständlich auch im Blute nachweisen. Wir verfütterten große Mengen von Rüböl und von Hammeltalg, und fanden dann ein sehr stark ausgesprochenes Fettspaltungsvermögen im Plasma. Hier sei gleich erwähnt, daß bei den Proteinen und Peptonen und ferner bei den Kohlehydraten derselbe Effekt erreichbar ist, wie nach parenteraler Zufuhr, wenn der Übertritt dieser Stoffe durch eine Überschwemmung des Darmkanals mit den betreffenden Nahrungsstoffen von der Darmwand aus erzwungen wird. Ferner sei hervorgehoben, daß es auch gelingt, auf diesem Wege eine Anaphylaxie hervorzurufen. Wird einem Tier eine große Menge von Eiereiweiß zugeführt, dann geht unzweifelhaft unverändertes Protein in die Blutbahn über. Möglich ist auch, daß auch Peptone zur Resorption kommen, die noch die spezifische Struktur des Eiereiweißes besitzen. Dieser Übertritt läßt sich durch die sog. biologischen Reaktionen, Präzipitinreaktion usw., vor allen Dingen aber in exaktester Weise durch den Nachweis von peptolytischen Fermenten in der Blutbahn beweisen. Wird nach bestimmter Zeit Eiereiweiß zum zweitenmal parenteral oder enteral — in diesem letzteren Falle muß die Zufuhr eine sehr reichliche sein[1]) — eingeführt, dann erhält man gleichfalls Anaphylaxie.

Da, wie schon betont, auch die arteigenen Fette in der Blutbahn ein gesteigertes Fettspaltungsvermögen hervorrufen, ist es ziemlich schwer, zu entscheiden, ob die artfremden Fettstoffe eine spezifische Wirkung auslösen. Weitere Versuche müssen hier eine Entscheidung bringen.

Endlich haben wir auch begonnen, Nukleopro-

---

[1]) Die enterale Sensibilisierung und darauffolgende enterale Shokauslösung ist uns bis jetzt nur zweimal einwandfrei geglückt.

teide, Nukleine und Nukleinsäuren mit Umgehung des Darmkanals in den Organismus einzuführen. Es ergab sich, daß nach Zufuhr dieser Körper in gesteigertem Maße Fermente im Blutplasma auftreten, die diese Körper rasch abbauen (vgl. hierzu auch 21). Ferner konnte gezeigt werden, daß sich sowohl für bestimmte Nukleoproteide als auch für Nukleine anaphylaktische Erscheinungen ganz spezifischer Art hervorrufen lassen. Versuche, die gemeinsam mit Kashiwado durchgeführt worden sind, ergaben bei Meerschweinchen, daß die zweite Injektion des gleichen Materials, das zur ersten Einspritzung verwandt wurde, eigenartige Krämpfe der Nacken- und der Kiefermuskulatur hervorruft. Ferner zeigte sich regelmäßig eine vermehrte Peristaltik. Die Tiere ließen fortwährend Kot. Bald traten dann auch Lähmungserscheinungen auf. Immer war ein starker Temperatursturz vorhanden. Wir spritzten z. B. Nukleoproteide und Nuklein-Substanzen, die aus Thymus dargestellt worden waren, ferner Nukleoproteide aus den Blutkörperchen der Gans. Die Reaktion war in allen Fällen eine streng spezifische. Bei der Verwendung von Nukleinsäuren konnten wir keine bestimmten Resultate erhalten. Es scheint, daß diese keine anaphylaktischen Erscheinungen hervorrufen können. Es dürften bei den Nukleoproteiden und Nukleinen die Eiweißkomponenten den Ausschlag geben. Es gelingt vielleicht durch eine systematische Untersuchung der Kernsubstanzen verschiedener Zellarten des gleichen Individuums die

Frage zu entscheiden, ob ,,kerneigene" Eiweißkörper am Aufbau der Kerne beteiligt sind, oder ob dem Kern im Zellstoffwechsel eine Rolle zukommt, die sich von Zelle zu Zelle innerhalb des gleichen Individuums in ähnlicher Weise wiederholt.

Solange die rein chemische Forschung uns auf Fragen, die die feinere Struktur von Zellbausteinen betreffen, keine Antwort geben kann, sind wir auf indirekte Methoden angewiesen. Diese haben in relativ kurzer Zeit schon ein gewaltiges Gebiet erschlossen und überall interessante Ausblicke auf allerlei Zellprozesse eröffnet. Es ist die Aufgabe der Zukunft, all den gemachten Beobachtungen mit exakten Methoden nachzugehen und die vielen Unbekannten, mit denen die bisherigen Methoden zur Zeit noch rechnen müssen, durch bekannte Größen zu ersetzen.

Fassen wir all die beobachteten Erscheinungen zusammen, dann ergibt sich das folgende Bild. Mit der Zufuhr von artfremden und speziell blutfremden Substanzen bringen wir Stoffe in den Organismus hinein, die den Körperzellen ihrer ganzen Struktur nach vollständig fremdartig sind. Es hat kein Umbau stattgefunden. Damit die Körperzellen diese Stoffe verwerten können, müssen die dem Organismus angepaßten Produkte so weit abgebaut werden, daß ihr spezifischer Charakter verloren geht. Dieser Abbau erfolgt durch Fermente und setzt offenbar sehr rasch ein. Die blut- und körperfremden Stoffe sind für die Zellen nicht gleichgültig. Sie können eine schädigende Wirkung entfalten. Beim Abbau dieser Stoffe bilden sich zunächst Abbaustufen, die gewiß an und für sich zum Teil wenigstens dem Organismus auch fremd sind. Sie können unter Umständen ebenfalls schädlich sein. Entstehen diese Stoffe bei dem stufenweisen Abbau stets nur in geringer Menge, und erfolgt der weitere Abbau sehr rasch, dann wird die Schädigung nur eine geringfügige und eine vorübergehende sein. Wenn dagegen auf einmal sehr viele derartige Abbaustufen vorhanden sind, dann können sie in ihrer Gesamtheit gewiß schwere Störungen verursachen. Es braucht in diesen Fällen nicht nur ihre chemische Natur, ihre Struktur und Konfiguration zum Ausdruck zu kommen, wir müssen vielmehr auch daran denken, daß beim Abbau der kolloiden Stoffe Produkte entstehen, die einen Einfluß auf den osmotischen Druck ausüben und auf diesem Wege bestehende Gleichgewichte stören. Was wir im Plasma beobachten, vollzieht sich, wie oben schon hervorgehoben, vielleicht in gleicher Weise auch im Zellinnern. Bemerkt sei noch, daß der Organismus bei der Zufuhr von einfacher konstituierten Körpern, von Kristalloiden, sich außer durch Abbau des fremdartigen Materials noch dadurch wehren kann, daß er es zum Teil wenigstens durch die Nieren ausscheidet. Die gleiche Abwehrmaßregel kann auch einsetzen, wenn beim Abbau kompliziert gebauter Stoffe einfachere Bruchstücke entstanden sind. Die Ausscheidung beschleunigt in diesem Falle die Entfernung des blutfremden Materials aus dem Körper. Freilich verliert dann der Organismus einesteils kostbares Brennmaterial und anderntiels manchen Baustein für seine Zellen.

Mancherlei Beobachtungen sprechen dafür, daß die parenteral zugeführten Stoffe, soweit sie umgebaut werden können, vom Organismus verwertet werden, d. h. der Ernährung dienen. Es wird in gewissem Sinne die Verdauung, die sich sonst im Darmkanal vollzieht, und die bewirkt, daß nichts Fremdartiges in den Körper übergeht, in der Blutbahn nachgeholt.

Eine offene Frage ist es, woher diese Fermente, die wir mit Heilner als **Schutzfermente** bezeichnen wollen, stammen. Es spricht sehr vieles dafür, daß die Leukozyten hierbei eine Rolle spielen (vgl. hierzu auch 23). Sie geben wahrscheinlich die Fermente an die Blutbahn ab. Wir hätten dann in gewissem Sinne analoge Erscheinungen im Blutplasma vor uns, wie sie z. B. Friedrich Müller bei der Auflösung des bei der Pneumonie in die Alveolen ausgeschiedenen Fibrins beobachten konnte. Wir sehen hier zahlreiche Leukozyten in das feste Exsudat eindringen und es zur Lösung bringen. Dann setzt die Resorption der gebildeten Spaltprodukte ein. Es findet gewissermaßen eine Verdauung in den Alveolen statt. Auch hier lassen sich, wie durch spezielle Versuche gezeigt werden konnte, Fermente im Alveoleninhalt (im ausgeworfenen Sputum) nachweisen, die aus den Leukozyten ausgetreten sind. Die alte Anschauung, wonach die Leukozyten Stoffe von außen in sich aufnehmen, und dann verdauen, ist durch die Beobachtung, daß Fermente nach außen abgegeben werden können, und somit die Verdauung außerhalb der Zelle sich vollziehen kann, zu ergänzen. Wir möchten es vorläufig dahingestellt sein lassen, ob nur den weißen Blutkörperchen und unter diesen wiederum nur speziellen Arten in dieser Richtung eine Bedeutung zukommt. Wir vermuten, daß auch die roten Blutkörperchen und wahrscheinlich auch die Blutplättchen eine bedeutsame Rolle bei diesen Prozessen spielen. Das Vorhandensein von Fermenten in den genannten Zellen darf selbstverständlich nicht ohne weiteres mit der Bildung der Schutzfermente in Beziehung gebracht werden, denn, daß auch diese Zellelemente Werkzeuge besitzen müssen, um Nahrungsstoffe zu einfachen Molekülen abzubauen und andererseits ihren Leib wieder aufzubauen, ist ohne weiteres klar. Immerhin ist es auffallend, daß in diesen Zellarten so aktive Fermente vorhanden sind. Es scheinen nach unseren Versuchen die Spaltungen in diesen Zellen viel rascher zu erfolgen, als in den übrigen Körperzellen. Gewiß haben die roten Blutkörperchen außer der Funktion, Sauerstoff zu transportieren, noch andere Aufgaben im Gesamthaushalt des Organismus zu erfüllen.

Nach unseren Beobachtungen unterliegt es keinem Zweifel mehr, daß der tierische Organismus fremdartigem Materiale gegenüber nicht schutzlos preisgegeben ist. Brechen körperfremde Produkte in seinen Körper ein, dann sendet er auf die speziellen Substratarten eingestellte Schutzfermente aus. Diese bewirken nicht nur durch weitgehenden Abbau eine Zerstörung des spezifischen Charakters des parenteral zugeführten Stoffes, sondern sie ermöglichen auch eine Verwertung der sich bildenden Spaltprodukte im Zellstoffwechsel. Die festgestellte Reaktion gestattet uns jederzeit zu entscheiden, ob eine bestimmte Substanz körpereigen ist oder nicht. Nun haben wir bereits betont, daß wir neben körpereigenen und körperfremden Stoffen ohne Zweifel auch bluteigene und blutfremde und endlich zelleigene und zellfremde zu unterscheiden haben. Wir haben bereits geschildert, wie der Darm mit seinen Fermenten und denen der Anhangsdrüsen alles Fremdartige zerlegt, bis ein indifferentes Gemisch von einfachsten Bausteinen übrig bleibt, und wie dann die Zellen der Darmwand und der Leber die resorbierten Produkte sorgfältig prüfen, ob auch alles Körper- und Blutfremde entfernt resp. umgewandelt ist. Außerdem sorgen alle Körperzellen dafür, daß aus ihnen nichts in die Blutbahn übertritt, das nicht einen bestimmten Grad des Abbaues erreicht hat. Als schützende Hülle legt sich außerdem zwischen Blutbahn und die Körperzellen die Lymphe mit ihren vielseitigen Einrichtungen. Hier wird nochmals alles sortiert und erst dann in die Blutbahn entlassen, wenn alles bluteigen geworden ist. Für uns existiert kaum mehr ein Zweifel darüber, daß das Lymphsystem in der erwähnten Richtung im Stoffwechsel eine sehr wichtige vermittelnde Rolle spielt. Bald werden Stoffe abgebaut und zu bluteigenen Stoffen gestempelt, bald werden Produkte bestimmter Art aufgebaut. Die Lymphe ist in gewissem Sinne als Puffer zwischen Blut und Körperzellen aufzufassen — als eine neutrale Zone, in der alles ausgeglichen wird.

Wenn diese Vorstellungen richtig sind, dann muß es möglich sein, körpereigenen, jedoch blutfremden Substanzen nachzuspüren, indem wir auf bestimmte Fermente fahnden. Es ist wohl denkbar, daß bei bestimmten Krankheiten die Zellen den Abbau der Nahrungsstoffe und der Körperbestandteile nur ungenügend vollziehen, und daß gewissermaßen noch zelleigene Stoffe an die Lymphe abgegeben werden. Diese wird, wie schon eingangs betont, in manchen Fällen mit Hilfe ihrer Zellen, der Leukozyten, und ihrer speziellen Organe, ihrer Drüsen, soweit es möglich ist, eingreifen, und, wie schon betont, manches blutfremde Produkt, bevor es in das Blut eindringt, noch zu zerlegen suchen. In vielen Fällen dürfte aber wohl blutfremdes Material in das Blut hineingelangen und Störungen aller Art bewirken.

Als Prüfstein für diese Ansicht haben wir vorläufig die Schwangerschaft untersucht. Wir haben nach den Untersuchungen von Schmorl, von Veit und von Weichardt in der Schwangerschaft einen Zustand vor uns, bei dem körpereigenes, jedoch blutfremdes Material kreist. Es ist nämlich von den genannten Autoren beobachtet worden, daß von den Chorionzotten sich Zellen loslösen und in die Blutbahn gelangen. Unzweifelhaft gehören derartige Zellen nicht in das Blut hinein. Schon Weichardt dachte an eine Auflösung derartiger Zellelemente. Unsere Versuche an Schwangeren haben ergeben, daß wir in der Tat diese Zellen als blutfremd zu betrachten haben. Der Organismus reagiert in der gleichen Weise, wie wenn ihm körper- resp. blutfremdes Material von außen zugeführt wird. Es findet ein fermentativer Abbau der Bausteine der genannten Zellen statt. Bereitet man sich aus der Plazenta von Menschen durch stufenweisen Abbau Pepton, und läßt man auf dieses Blutplasma resp. -serum von normalen, nicht schwangeren Menschen wirken, dann läßt sich eine Veränderung des Peptons nicht nachweisen. Die optische Methode ergibt eine bestimmte Drehung des Gemisches, die konstant bleibt. Wird dagegen Plasma von Schwangeren verwendet, dann ändert sich die Anfangsdrehung. Dieser Befund war in allen Fällen ein konstanter, und zwar konnte dieses Phänomen vom ersten Monat der Schwangerschaft bis zum Ende nachgewiesen werden. 8 Tage nach der Entbindung resp. nach eingetretenem Abort war diese Eigenschaft des Plasmas mit unseren Methoden nicht mehr nachweisbar. Auch bei schwangeren Tieren konnten Plazentaeiweiß und -pepton abbauende Fermente im Blute festgestellt werden. Interessanterweise scheint hier das abbauende Ferment in spezifischer Weise auf Plazentazellmaterial eingestellt zu sein. Wurden nämlich Eiweißkörper gewöhnlicher Art, Kasein, Gelatine usw., resp. die daraus dargestellten Peptone angewandt, dann wurde in den meisten Fällen überhaupt kein Abbau beobachtet, während bei Verwendung von Plazentapeptonen der Ausfall der Probe stets ein positiver war.

Die Darstellung von Peptonen zu derartigen Untersuchungen bereitet gewisse Schwierigkeiten. Sie dürfen offenbar nicht zu weit abgebaut sein, d. h. es muß nach allen Erfahrungen noch eine bestimmte spezifische Struktur vorhanden sein. Wir gewannen das Plazentapepton durch partielle Hydrolyse von sorgfältig entbluteten Plazenten von Menschen mit 70 prozentiger Schwefelsäure bei Zimmertemperatur. Nach 4 Tagen wurde das Hydrolysat unter Kühlung mit Eis mit dem zehnfachen seines Volumens an destilliertem Wasser versetzt und dann die Schwefelsäure mit Baryt quantitativ entfernt. Der Baryumsulfatniederschlag wurde abgenutscht, wiederholt in der Reibschale mit destilliertem Wasser zerrieben und dann die gesamten Filtrate bei 40° des Wasserbades bei ca. 15 mm Druck bis zum dicken Sirup eingedampft. Während des Eindampfens wurde immer wieder von Zeit zu Zeit geprüft, ob die Flüssigkeit frei von Schwefelsäure resp. Baryt war. Diese Vorsichtsmaßregel ist sehr wichtig, weil sonst bei stärkerer Konzentration eine weitere Hydrolyse des Peptons durch die Säure resp. Base bewirkt werden kann. Der verbleibende Sirup ist gelb gefärbt. Er wird am besten in Methylalkohol unter Erhitzen gelöst und die heiße Lösung in absoluten Äthylalkohol eingetragen. Das Pepton fällt dann als gelbliches Pulver. Zur weiteren Reinigung wird es in soviel Wasser gelöst, daß eine 5 prozentige Lösung davon erhalten wird. Dann setzt man so lange von einer 10 prozentigen Phosphorwolframsäurelösung zu, als eine

Fällung eintritt. Der Niederschlag wird abgenutscht, scharf abgepreßt, wiederholt mit Wasser gewaschen und dann in einer Reibschale mit dem Zweifachen seines Gewichtes an Baryt verrieben. Es wird wieder filtriert. Aus dem Filtrat entfernt man den Überschuß an Baryt mit Schwefelsäure und verdampft das Filtrat vom Baryumsulfat unter vermindertem Druck bei 40° des Wasserbades zur Trockene. Der schneeweiße Rückstand läßt sich meistens direkt pulvern. Jedenfalls wird er beim Anreiben mit absolutem Alkohol fest. Das so dargestellte Pepton ist ganz oder doch fast ganz frei von Aschenbestandteilen. Es löst sich leicht in Wasser und physiologischer Kochsalzlösung. In vielen Fällen gab das so gewonnene Pepton, in physiologischer Kochsalzlösung gelöst, mit dem Plasma resp. Serum von Schwangeren Fällungen, während diese bei den entsprechenden Blutflüssigkeiten Nichtschwangerer ausblieben. Es muß dann die Peptonlösung so stark mit physiologischer Kochsalzlösung verdünnt werden, bis beim Zusammenbringen mit Plasma resp. Serum keine Trübung mehr erfolgt. Dabei muß jedoch die Plazentapeptonlösung noch ein genügendes Drehungsvermögen behalten. Werden zu verdünnte Lösungen angewandt, dann ist die Feststellung eines Abbaues sehr unsicher oder ganz unmöglich.

Die spaltende Wirkung des Blutplasmas von Schwangeren konnte auch noch auf folgendem Wege nachgewiesen werden. Nimmt man Plazentagewebe und kocht es auf, dann koagulieren die Eiweißkörper. Das so vorbereitete Material wird mit Wasser so lange ausgekocht und ausgewaschen, bis die abfließende Flüssigkeit keine Spur einer Biuretreaktion mehr gibt. Jetzt fügt man zu einem solchen Gewebstückchen Plasma von einem nicht schwangeren Individuum und füllt das Gemisch in einen dichten Dialysierschlauch. Als Außenflüssigkeit wählt man destilliertes Wasser. Man läßt 24 Stunden dialysieren. Prüft man jetzt die Außenflüssigkeit mit Hilfe einer sehr verdünnten Kupfersulfatlösung, nachdem man vorher Natronlauge hinzugefügt hat, dann erhält man keine Spur einer Biuretreaktion. Wird dagegen Plasma von Schwangeren genommen, dann tritt nach kurzer Zeit in der Außenflüssigkeit Pepton auf.

Genau dieselben Erscheinungen, wie bei Schwangeren, kann man bei jedem Tiere, auch bei männlichen hervorrufen, wenn man Plazentagewebe oder Plazentaextrakt oder -preßsaft subkutan, intraperitoneal oder intravenös einspritzt. Man beobachtet dann ebenfalls das Auftreten von Fermenten, die imstande sind, das zugeführte Material zu zerlegen.

Bis jetzt ist nur die Spaltung von Eiweißstoffen und Peptonen geprüft worden. Es unterliegt keinem Zweifel, daß im Plasma auch Fermente vorhanden sind, die die anderen Zellbausteine der Chorionzottenzellen spalten können, doch bereitet deren Nachweis zur Zeit noch große Schwierigkeiten. Nach dem vorliegenden Material scheint im Fermentnachweis eine Methode gefunden worden zu sein, die gestattet, die Diagnose der Schwangerschaft zu sichern. Es ist u. a. geglückt, eine extra-uterine Gravidität mit Hilfe der erwähnten Methoden zu erkennen. Große Bedeutung kann die erwähnte Methode in der Tierheilkunde und der Landwirtschaft erlangen. Es ist oft nicht leicht, bei Tieren festzustellen, ob Schwangerschaft vorliegt oder nicht. Nach den bisherigen Erfahrungen steht zu hoffen, daß die optische Methode hier von Nutzen sein wird.

Gewiß hängen mancherlei sonstige Beobachtungen, die am Blute Schwangerer erhoben worden sind, wie z. B. das verschiedene Verhalten der Blutkörperchen gegenüber hämolysierenden Agentien, wie Kobragift, usw., die Unterschiede in der Gerinnbarkeit des Blutes (vgl. u. a. 5, 7, 14) usw. mit den von uns festgestellten Veränderungen in der Blutbahn zusammen.

Die folgende Tabelle gibt einen Überblick über einen Teil der bisher erhaltenen Resultate. Wichtig und interessant ist die Beobachtung, daß im Blutplasma des Foetus in keinem Falle Fermente, die auf Plazentaeiweiß resp. -pepton eingestellt waren, sich nachweisen ließen.

Der Zerfall von blutfremdem Material in der Blutbahn und vielleicht auch in den Körperzellen kann für den Organismus nicht gleichgültig sein. Mancherlei Erscheinungen im Allgemeinbefinden Schwangerer sind vielleicht auf derartige Prozesse zurückzuführen. Vor allen Dingen dürfte das Auftreten von Abbauzwischenstufen, die weder im Zellstoffwechsel noch in der Blut-

	Virgo	Nicht Schwangere	Schwangere in verschiedenen Monaten										Kreißende
			1. M.	2. M.	3. M.	4. M.	5. M.	6. M.	7. M.	8. M.	9. M.	10. M.	
Versuche mit durch Tonkerze filtrierten Sera	−	−	+ +	+	+ ++	+	+	++	++	++ ++ +	++ ++ ++ + + ++	++ ++ ++ ++ + ++ +	+
Versuche mit nichtfiltrierten Sera	− − −	− − − − − − − − − − − − − − −	+ +	+	+ ++ + + + ++ ++ +	+ + + ++ ++	++ + ++	++ ++ +	++ ++ ++	++ + ++ + +	++ ++ ++ ++ +	+ ++ ++ + + +	++

Anmerkungen: — Schwankung innerhalb 0,04°; + Spaltung 0,05—

[1]) Die eingeklammerten Zahlen bedeuten die Zahl der untersuchten

Menschen					Versuche an Tieren vor und nach parenteraler Zufuhr von Plazentabestandteilen							Versuche an schwangeren Tieren	
Eklampsie				Wöchnerin		Föten	Kaninchen		Hund		Meerschweinchen		Meerschweinchen	Hunde
Mutter		Föten	3. T.	7. T.		(5)[1] normal	(6) injiziert	(3) normal	(3) injiziert	(5) normal	(2) injiziert	(2) schwanger	(2) schwanger
Puerp.	intra part.												
+++	+++		+	—	—	—	++	—	+++	—	++	+++	++
						—	++	—	++	—	++	+++	+++
						—	+	—	+++	—			
						—	++			—			
						—	+						
							++						
+++	+++	—	+	—	—	—	++						
+++	+++					—	—	++					
	+++					—	—	+					
						—	—	+					
						—	—	++					
						—		+++					

0,10°; ++ Spaltung bis 0,11—0,20°; +++ Spaltung über 0,20°.

Tiere.

bahn sonst jemals vorkommen von Bedeutung sein. Erscheinungen, wie Erbrechen während der Schwangerschaft und vielleicht auch die Eklampsie, sind wahrscheinlich direkt oder indirekt mit den erwähnten Abbauprozessen in Verbindung zu bringen. Wir drücken uns absichtlich in dieser Beziehung sehr vorsichtig aus, weil zugegeben werden muß, daß vorläufig in dieser Richtung nur Vermutungen und keine Beweise irgendwelcher Art vorhanden sind. Immerhin geben die erhobenen Befunde Anhaltspunkte zu neuen Fragestellungen. Man wird z. B. zu prüfen haben, ob das Blutplasma von Eklamptischen aus Plazentagewebe Abbaustufen bildet, die besondere Eigenschaften zeigen, z. B. besonders giftig sind. Es ist auch möglich, daß nicht die Art des Abbaus der Substrate der Zellen der Chorionzotten die Ursache des Auftretens der schädlich wirkenden Stoffe ist, sondern vielmehr die betreffenden Zellen selbst einen anormalen Bau besitzen und dadurch Abbaustufen eigner Art liefern. Diese Möglichkeiten sind experimentell angreifbar. Die Hauptschwierigkeit bei all derartigen Problemen bleibt die Entscheidung der Frage, welche von den klinisch beobachteten Erscheinungen primärer und welche sekundärer Natur sind.

Eine ganze Reihe von Erscheinungen auf dem Gebiete der Pathologie ist ohne Zweifel von den gegebenen Gesichtspunkten aus experimentell angreifbar. Wir haben früher schon darauf aufmerksam gemacht, wie wertvoll es wäre, wenn bei der Bence-

Jones'schen Albuminurie[1]) das Plasma auf sein Verhalten gegenüber Eiweißkörpern und Peptonen untersucht werden könnte. Es ließe sich auf diesem Wege mit Bestimmtheit die Frage entscheiden, ob der Bence-Jones'sche Eiweißkörper ein bluteigenes Protein ist, oder aber, was wahrscheinlicher ist, dem Blute gar nicht zugehört und deshalb, vielleicht nach teilweisem Abbau zur Ausscheidung kommt.

Alle Fälle von Albuminurie würden ein dankbares Versuchsobjekt für die gegebenen Fragestellungen abgeben. In jedem einzelnen Falle wäre die Frage zu entscheiden, ob die ausgeschiedenen Proteine bluteigen oder aber blutfremd waren. Das Auftreten bestimmter Fermente in der Blutbahn zeigt uns nach den bisherigen Erfahrungen ohne Zweifel die Anwesenheit von blutfremden Substanzen an. Solange die direkten Methoden zum Nachweis geringer Mengen von fremdartigen Substanzen im Blut noch nicht besser ausgebildet sind, sind wir auf indirekte Methoden angewiesen. In diesem Sinne scheint uns der Fermentnachweis zur Zeit das feinste Reagens zu sein, um Veränderungen in der Zusammensetzung des Blutes nachzuweisen. Das Blut bildet in dieser Beziehung wahrscheinlich den Spiegel der übrigen Körperzellen. Sein Verhalten gibt uns Aufschluß über Vorgänge, denen wir zur Zeit in den Zellen selbst nicht nachgehen können.

---

[1]) Bei dieser findet sich im Harn ein eigenartiger Eiweißkörper. Meist liegt Sarkomatose (typische Geschwulstbildung) von Knochen vor.

Kehren wir nun zu der eingangs entwickelten Vorstellung zurück, wonach der Organismus unter normalen Umständen ein in sich abgeschlossenes Ganzes vorstellt. Wir haben bereits betont, daß die Harmonie sämtlicher Vorgänge innerhalb des ganzen Zellstaates gestört wird, sobald sich fremdartige Zellen, Zellen, die ihren eigenen Stoffwechsel und ihren eigenen Bau besitzen, ansiedeln. Diese Zellen wollen einerseits ernährt sein, andererseits geben sie Stoffwechselendprodukte und vielleicht auch Sekretstoffe mannigfacher Art nach außen ab. Damit sie das ihnen zunächst zellfremde Nährmaterial, das dem Wirte angehört, benutzen können, müssen auch sie Fermente besitzen, um es zu erschließen. Es wäre denkbar, daß die Stoffe des Wirtes zunächst in die Zelle aufgenommen und dann in dieser verarbeitet würden. Wahrscheinlicher ist es, daß die sich ansiedelnden Zellen Fermente nach außen abgeben, die den Nährboden in der Umgebung zerlegen und so zur Aufnahme vorbereiten. Die entstandenen Abbaustufen werden dann von der Zelle übernommen. Ein Umbau muß auf alle Fälle eintreten, speziell dann, wenn die Stoffe zum Aufbau neuer Zellen dienen sollen. Untersuchungen, die an verschiedenen sog. Toxinen angestellt worden sind, haben ergeben, daß unzweifelhaft in diesen spaltende Agentien vorhanden sind. Doch sprechen diese Versuche nicht eindeutig dafür, daß die Mikroorganismen Fermente aussenden, weil schwer zu entscheiden ist, ob die sog. Toxine des Handels einheitliche Produkte darstellen und vor allem immer nur Sekretstoffe enthalten. Vorbedingung für die Existenzmöglichkeit von Mikroorganismen innerhalb eines bestimmten ihnen zunächst fremden Zellstaates ist somit das Vorhandensein von Fermenten, die es ihnen ermöglichen, aus den zell- und bluteigenen Stoffen des Wirtes für sie verwendbare Nahrungsstoffe zu bilden. Hier kommen ohne Zweifel Beziehungen zwischen der Konfiguration der Fermente und der Substrate in schärfster Weise zum Ausdruck. Wie oft mag ein Mikroorganismus in den Organismus hineingelangen und einzig deshalb erliegen, weil er nicht imstande ist, auf dem vorhandenen Nährboden sich zu ernähren! In anderen Fällen kann er sich ansiedeln, weil vorhandene Substrate durch seine Fermente erschlossen werden können! Sind die Substanzen aufgebraucht und werden keine der gleichen Art vom Wirte an Ort und Stelle nachgeliefert, dann sind den Mikroorganismen die Existenzbedingungen entzogen. Sie gehen zugrunde oder sie müssen eine neue „Weide" aufsuchen. Es mag wohl auch in vielen Fällen der Fall eintreten, daß die Zellen des Wirtes die vom Mikroorganismus ausgesandten Fermente abfangen oder sonst unwirksam machen, und auf diesem Wege den Eindringlingen ihre Existenz erschweren oder ganz vernichten.

Wie empfindlich die einzelnen Organismen in bezug auf die Nährsubstrate sind, das ergeben die zahlreichen Laboratoriumsbeobachtungen über die Züchtung der verschiedenartigsten Mikroorganismen. Wir wissen, daß manche von ihnen nur gedeihen, wenn ganz bestimmte Substrate geboten werden. Daß eine Veränderung des Nährmediums für bestimmte Lebewesen die Existenzbedingung aufhebt, beweist in schönster Weise die Beobachtung, daß die Infektion mit Trichophytonpilzen zur Zeit der Pubertät von selbst ausheilt. Offenbar werden die Zellen der Haut mit dem Eintritt der Geschlechtsreife so verändert, daß das Substrat des Wirtes — die Bestandteile der Haut — dem Pilze als Nährmaterial nicht mehr zugänglich ist. Von diesem Gesichtspunkte aus können wir uns wohl vorstellen, daß Medikamente und sonstige therapeutische Maßnahmen eine Heilwirkung ausüben, ohne auf bestimmte Zellarten, die im tierischen Organismus als Parasiten leben, direkt einzuwirken. Sie brauchen nur die für das betreffende Lebewesen notwendigen Existenzbedingungen durch Veränderung des Nährsubstrates zu vernichten. Es ist denkbar, daß bestimmte Mittel bestimmte Zellen so verändern, daß deren Bestandteile nicht mehr als Nährmaterial für die betreffenden Organismen in Betracht kommen.

Der Umstand, daß die körperfremden Zellen, um ihre Existenz weiterführen zu können, und vor allen Dingen um ihre Art zu erhalten, auf Nährmaterialien mannigfaltigster Art angewiesen sind, gibt uns einen Einblick in die eine Art der Beeinflussung des Wirtes durch diese Parasiten. Sie können einmal durch die einfache Wegnahme von Nährsubstraten schädigend wirken. Ferner können bei der vorbereitenden Zerlegung des Nährmateriales Zwischenstufen entstehen, die dem Organismus Schaden zufügen. Wir können uns wohl vorstellen, daß bestimmte Zellarten über Fermente verfügen, die bestimmte Substrate in ganz charakteristischer Weise abbauen und z. B. Abbaustufen liefern, die den Zellen des Wirtes ganz fremd sind. Das gleiche Substrat kann in der mannigfaltigsten Weise zu den einfachsten Bausteinen abgebaut werden. Die Vorstellung eines atypischen Abbaues von körper-, zell- und bluteigenen Stoffen durch die Fermente von fremdartigen Zellen eröffnet die Möglichkeit, daß Mikroorganismen, ohne von sich aus an und für sich giftige Stoffe in den Kreislauf zu bringen, einzig und allein dadurch schädigend wirken, daß sie aus dem Materiale des Wirtes durch fermentativen Abbau Produkte liefern, die schädigend in den Stoffwechsel des Wirtes eingreifen. Es braucht sicher nicht in jedem Fall der Giftstoff, das sog. Toxin, in der Zelle des Mikroorganismus selbst zu entstehen. Es kann vielmehr auch außerhalb der Zelle durch ausgesandte Fermente gebildet werden. Bei der Zuführung von artfremdem resp. blutfremdem Materiale hatten wir ebenfalls mit Abbaustufen zu rechnen, die dem Organismus fremdartig sind, und eine schädigende Wirkung entfalten können. In diesem Falle ist das fremdartige Substrat die Ursache der Entstehung von struktur- und konfigurationsfremdem Material. Bei der Invasion von Bakterien haben wir dagegen eine Zerlegung von körper-, blut- und zelleigenem Material, jedoch erfolgt hier der Abbau durch Fermente, die vielleicht anderer Art sind. Die Ursache der Entstehung von körperfremdem Abbaumaterial ist somit hier nicht auf das Substrat, sondern auf die Art der Fermente zurückzuführen. Es ist wohl möglich, daß es mit der Zeit gelingen wird, diesen fermentartigen, von den Parasiten ausgesandten Agentien im tierischen Organismus nachzuspüren. Vorläufig müssen wir uns damit begnügen, auf die Möglichkeit einer durch einen solchen Abbau herbeigeführten Schädigung hinzuweisen.

Die fremdartigen Zellen können ferner dadurch schädigend auf den Organismus einwirken, daß sie innerhalb des Körpers zerfallen. Stirbt eine solche Zelle, dann kommt Material in den Kreislauf, das fremdartig ist. Wir können diesen Vorgang mit der parenteralen Zufuhr körperfremden und blutfremden Materiales vergleichen. Der Organismus wird sich ohne Zweifel auch in diesem Falle in der Weise gegen dieses ihm vollständig fremdartige Substrat wehren, daß er es durch weitgehenden Abbau seiner spezifischen Struktur beraubt. Wir hätten dann vollständig analoge Verhältnisse vor uns, wie bei der parenteralen Einführung verschiedenartiger Substanzen, und wie bei dem Eindringen von für das Blut fremdartigen Chorionzottenzellen in die Blutbahn. Die Reaktion wäre überall dieselbe. Auch hier kann der Fall eintreten, daß der Organismus beim Abbau dieser Substanzen Abbaustufen erzeugt, die an und für sich schädigend wirken. Es käme dann von Fall zu Fall hauptsächlich darauf an, ob diese Zwischenstufen nur in geringer Menge auftreten und rasch weiter abgebaut werden, oder aber, ob der Organismus unter bestimmten Umständen vielleicht im Abbau stockt, sei es, daß die Abbaustufen nicht rasch genug weiter zerlegt oder entfernt werden, sei es, daß ein Mangel an dem Ferment vorhanden ist, das den Abbau weiter führt. Wir können uns wohl vorstellen, daß der Abbau der Leibessubstanz toter Mikroorganismen ohne direkte Beteiligung der Mikroorganismen selbst die mannigfachsten Störungen im Gefolge haben kann. Es wäre damit eine zweite Störung im harmonischen Ablauf des gesamten Stoffaustausches des Wirtes gegeben, ohne daß die Mikroorganismen als solche eine direkte Wirkung entfalten würden.

Schließlich ergibt sich noch die Möglichkeit, daß bestimmte Mikroorganismen in sich selbst giftige Stoffe erzeugen und nach außen abgeben. Es ist zur Zeit noch sehr fraglich, wie man diese Stoffe auffassen soll. Handelt es sich um Stoffe, die im Stoffwechsel der Mikroorganismen selbst eine Rolle spielen, oder aber sind Agentien vorhanden, die nach außen abgegeben den Nährboden des Mikroorganismus in bestimmter Weise, z. B. durch Abbau oder Umbau in bestimmter Weise beeinflussen sollen. Es wäre wohl denkbar, daß bestimmte Mikroorganismen über Agentien verfügen, die in der Lage sind, einen bestimmten Nährboden in bestimmter Weise umzustimmen. Viele Beobachtungen aus der Pathologie haben gezeigt, daß bestimmte Mikroorganismen zur Vorbereitung des Nährbodens einer sog. Mischinfektion bedürfen, d. h. bestimmte Bakterien verändern die Zellsubstanz des Wirtes derartig, daß nun eine bestimmte andere Bakterienart Bedingungen vorfindet, die für ihr Weiterleben günstig sind. Es scheint, daß auch für bestimmte Geschwulstarten, Sarkom und Karzinom, eine Vorbereitung des Nährbodens durch bestimmte Stoffe in manchen Fällen von großer Bedeutung ist. Man wird in Zukunft all diesen Möglichkeiten mehr Bedeutung beilegen müssen. Wenn es gelänge, die Bedingungen, unter denen bestimmte Bakterien leben können, noch besser abzugrenzen, als es bis jetzt der Fall ist, und zwar auf Grund eingehender Studien der Zusammensetzung des Nährbodens, dann würde man ohne Zweifel in die Lage kommen, viel zielbewußter therapeutisch einzugreifen. Ferner wäre es dann möglich, den Begriff der schädigenden Wirkung bestimmter Bakterienarten viel besser zu formulieren, als es zur Zeit der Fall ist. Leider wird es kaum möglich sein, hier mit direkten Methoden einzugreifen, es sei denn, daß es gelingen würde, die einzelnen Mikroorganismen auf Substraten zu züchten, über deren Zusammensetzung wir ganz genau orientiert sind. Die Fortschritte auf dem Gebiete der Chemie der verschiedenen Zellbausteine und der Nahrungsstoffe führen uns diesem Ziele zwar immer näher, es ist jedoch noch ein großer Weg zurückzulegen, bis wir über den Aufbau bestimmter Eiweißstoffe, bestimmter Phosphatide und Nukleoproteide usw. so genau orientiert sind, daß wir neben Strukturunterschieden auch Unterschiede in der Konfiguration in die Wagschale werfen können. Werden wir erst einmal so weit sein, dann wird sich auch die Möglichkeit ergeben, den Begriff der Disposition durch bestimmte Tatsachen zu ersetzen.

Die vorliegenden Gedankengänge sollen nur zeigen, daß wir bei der Frage nach den Schädigungen, die Bakterien im Wirte ausüben, nicht nur die Bakterien als solche betrachten dürfen, sondern daß mit Erfolg ihr gesamter Stoffwechsel in den Vordergrund gerückt wird. Nicht die Bakterien allein und die sog. Toxine kommen bei der ganzen Frage nach den Immunitätsreaktionen in Betracht, sondern wahrscheinlich in allererster Linie Stoffwechselzwischenprodukte und Abbaustufen, die zum Teil wenigstens ganz außerhalb der betreffenden Zellen entstehen. Vor allen Dingen kommt auch der Bau des Lebewesens in Betracht. Der Kampf des Wirtes richtet sich nicht nur gegen den lebenden Mikroorganismus, sondern auch gegen die beim Zerfall des toten Lebewesens sich bildenden Bruchstücke und vor allen Dingen auch gegen die bei der Vorbereitung des Nährbodens entstehenden Zwischenprodukte. Überall wird der Organismus mit seinen Fermenten eingreifen und versuchen, alles Struktur- und Konfigurationsfremde und auch das im physikalischen Sinne Fremdartige ab- und umzubauen. Je mehr ihm das gelingt, um so mehr wird er den Mikroorganismen die Existenzbedingungen nehmen und die eigenen Zellen vor den schädigenden Wirkungen dieser Substanzen bewahren.

Wir zweifeln nicht daran, daß es möglich sein wird, mit Hilfe des Fermentnachweises, speziell mit Hilfe der optischen Methode, auf diesem Gebiete noch manchen Einblick zu eröffnen. Leider sind wir nicht in der Lage, auf diesem Forschungsgebiete selbst aktiv weiterzuarbeiten. Einerseits fehlen die pathologischen Fälle zur Beobachtung, und andererseits Einrichtungen, um genügende Mengen von Bakterien zu züchten. Hier müssen spezielle Forschungsinstitute eingreifen. Einzelne Fragestellungen sind schon in Angriff genommen worden. So wurde z. B. geprüft, ob bei an Tuberkulose leidenden Tieren im Blute Fermente vorhanden sind, die die Leibessubstanz der Tuberkelbazillen abbauen können. Läßt man Plasma von normalen Tieren auf Tuberkelbazillen einwirken, dann läßt sich keine Veränderung nachweisen. Ebensowenig konnte in einwandfreier Weise ein Abbau festgestellt werden, wenn Plasma von Tieren verwendet wurde, die an Tuberkulose litten. Wir hatten die größte Hoffnung auf Fälle gesetzt, bei denen akute Miliartuberkulose vorlag. Bessere Resultate erhielten wir, als wir nicht Tuberkelbazillen selbst anwandten, sondern aus diesen bereitete Peptone. Hier ergab sich mit der optischen Methode, daß an akuter Miliartuberkulose leidende Tiere Plasma besaßen, das imstande war, das Tuberkelbazillenpepton abzubauen, während wir bei normalen Tieren einen Abbau nicht beobachten konnten. Ganz analoge Resultate hatten wir bei Versuchen mit Rotz. Es gehören zu derartigen Studien große Bakterienmengen, damit man genügend Pepton darstellen kann. Selbstverständlich müssen auch sehr viele Fälle untersucht werden, ehe man zu einem bestimmten Resultate gelangen wird. Außerdem darf nicht vergessen werden, daß lange nicht alle Reaktionen sich im Blute abspielen. Nur bei Allgemeininfektionen wird man erwarten dürfen, daß uns die Untersuchung des Blutes Vorgänge enthüllt, die sich für uns leider zum großen Teil nur indirekt erkennbar auch im Zellinnern abspielen. Es ist möglich, daß eine eingehende Untersuchung der Zellfermente bei bestimmten Infektionen auch die Fähigkeit von Körperzellen ergeben wird, die Leibessubstanz von Parasiten in spezifischer Weise abzubauen. Die Versuchsanordnung ist gegeben. Die Hauptschwierigkeit besteht, wie schon betont, in der Beschaffung des notwendigen Bakterienmateriales. Dieses muß als Substrat dienen, um die betreffenden Fermente aufzuspüren, genau so, wie wir mit Plazentasubstanzen jene Fermente in Erscheinung bringen, die beim Übergang von Chorionzottenzellen vom Wirt — in diesem Falle vom mütterlichen Organismus — an das Plasma abgegeben werden.

Wir kommen somit zum Schlusse, daß wenigstens ein Teil der Abwehrmaßregeln des Organismus gegen Infektionen aller Art auf der Mobilmachung von Fermenten beruht, um das fremdartige Material — seien es nun Stoffwechselzwischen- oder -Endprodukte, oder beim

Zerfall von Zellen frei werdende Bestandteile — möglichst rasch seines spezifischen, für den Organismus — den Wirt — fremdartigen Baues zu entkleiden. Sicher helfen hierbei noch andere Prozesse mit. Es werden die Abbaustufen oxydiert, reduziert, methyliert, azetyliert, benzoyliert usw. und ohne Zweifel auch in der mannigfaltigsten Weise mit verschiedenen Verbindungen gekuppelt. Die Schutzfermente bereiten das körperfremde Material in geeigneter Weise vor, damit die einzelnen Körperzellen dann mit speziellen Prozessen eingreifen können. Die Fermente werden bei all diesen Vorgängen nicht verändert. Sie gehen vorübergehend mit dem zu verändernden Substrate eine Bindung ein. Ist der Abbau durchgeführt, dann steht das Ferment wieder zur Verfügung, um neue Reaktionen — vor allem Spaltungen — einzuleiten. Eine Überproduktion von Fermenten als Antwort auf das Eindringen von fremdartigen Stoffen ist somit nicht notwendig.

Man könnte gegen die Hervorhebung der erwähnten Schutzmaßnahmen des Organismus gegen das Eindringen körper-, blut- und zellfremden Materiales einwenden, daß mit der Feststellung von Fermenten im Blutplasma, und mit der Annahme, daß solche bei Infektionskrankheiten eine bedeutsame Rolle spielen, wenig gewonnen ist, denn die Fermente als solche sind uns unbekannt. Wir wissen nichts über ihren Aufbau, ihre Natur und ihre spezielle Wirkungsweise. Wir erkennen die Fermente nur an ihrer Wirkung.

Der Umstand, daß sie in spezifischer Weise auf bestimmte Substrate eingestellt sind, ermöglicht ihren Nachweis. Wir erblicken in der Erkenntnis, daß Fermente bei den Abwehrmaßregeln des tierischen Organismus gegen fremdartiges Material eine bedeutsame Rolle spielen, insofern einen Fortschritt, als dadurch Vorgänge experimentell verfolgbar sind, die wir auch unter normalen Verhältnissen in den einzelnen Körperzellen antreffen. Die Zelle bereitet mit Hilfe von Fermenten fortwährend das ihm zugeführte bluteigene Nährmaterial in geeigneter Weise zu, sei es, daß ein weiterer Abbau zu vollziehen oder eine Synthese einzuleiten ist. Die Fermente sind die Werkzeuge der Zellen, um das Brennmaterial in geeignete Form zu bringen, um den Bau der Zelle zu zimmern und um mancherlei Stoffe zu bereiten, die als Sekret im gesamten Organismus irgendeine bestimmte Rolle zu spielen haben. Macht der Organismus Schutzfermente mobil, dann vollziehen seine Zellen nichts vollständig Neuartiges. Ein gewohnter Prozeß wird auf den speziellen Fall übertragen. Die Fermente werden dem neuartigen Substrat angepaßt, und wenn es erforderlich ist, nach außen — in die Blutbahn — abgegeben. So reiht sich diese Art der Verteidigung der Zelle gegen fremdartige Stoffe unmittelbar an gewohnte Vorgänge des Zellstoffwechsels an. Gleichzeitig gibt eine sorgfältige Analyse der durch die Fermente bewirkten Prozesse die Möglichkeit, viel eindeutiger, als es bisher der Fall war, festzustellen, welcher Art die durch die Anwesenheit körperfremder Zellen bewirkten Schädigungen sind. Bald ist der Parasit aktiv beteiligt, bald nur passiv und bald ist sein Einfluß ein mannigfaltiger.

Der Nachweis, daß bei den Verteidigungsmaßnahmen der tierischen Zellen gegen fremdartige Stoffe Fermente eine wichtige Rolle spielen, eröffnet der experimentellen Forschung neue Bahnen. Wird es auch noch lange nicht gelingen, die Natur der Fermente aufzuklären, so bietet sich doch von Fall zu Fall die Möglichkeit, die zweite Unbekannte, nämlich das Substrat, immer mehr auszuschalten. Je weiter unsere Kenntnis der Zusammensetzung und des Aufbaues der Nahrungsstoffe und der Zellbestandteile fortschreitet, um so mehr kommen wir in die Lage, Substrate bekannter Struktur verwenden zu können. Mit diesen können wir in viel sicherer Weise den Fermenten nachspüren und feststellen, in welcher Art sie ein bestimmtes Produkt abbauen. Wir werden die einzelnen Abbaustufen festhalten und ihre Eigenschaften studieren können und so allmählig in die Geheimnisse der Folgen von Infektionskrankheiten und die Grundlagen der Immunitätsreaktionen eindringen.

Es gibt auf dem Gebiete der Biologie kaum eine reizvollere Aufgabe, als zu erforschen, wie der Organismus sich verteidigt, wenn in den harmonischen, bis in die kleinsten Einzelheiten in feinster Weise geregelten Stoffwechsel fremde Elemente störend eingreifen. In diesen Problemen treffen sich die mannigfaltigsten, den Zellstoffwechsel betreffenden Fragestellungen. Je weiter der Biologe die Grenzen seines Forschungsgebietes zieht, je mehr er allgemeinen Erscheinungen nachgeht, um so mehr darf er hoffen, für das Studium spezieller Vorgänge neues Rüstzeug zu gewinnen und neue Wege zu finden. Das Auftreten der Schutzfermente im tierischen Organismus beim Eindringen von für seinen Körper oder auch nur für einzelne Zellen oder das Blut fremdartigen Materiales, gibt uns Ausblicke auf manche Probleme der Pathologie und speziell der Immunitätsforschung. Jede Annäherung von scheinbar heterogenen Gebieten durch Beobachtungen, die gemeinsame Reaktionen und Vorgänge vermuten lassen, muß mit Freude begrüßt werden. Ergibt sich doch dann die Möglichkeit, daß beim Austausch der mit ganz verschiedenartiger Methodik und verschiedenen Fragestellungen erhaltenen Ergebnisse, weite Ausblicke auf grundlegende Eigenschaften der Zellen verschiedener Abkunft sich eröffnen.

Literatur.

Zusammenfassende Darstellung über den Zellstoffwechsel und den eigenartigen Bau der Zellen bestimmter Arten, Individuen und speziell der einzelnen Organe.

Emil Abderhalden: Die Bedeutung der Verdauung für den Zellstoffwechsel im Lichte neuerer Forschungen auf dem Gebiete der physiologischen Chemie. Zeitschr. des Österreichischen Ingenieur- u. Architekten-Vereins. 1911, Nr. 11 u. 12 und im Verlag Urban u. Schwarzenberg, Berlin-Wien — 1911.

Emil Abderhalden: Neuere Anschauungen über den Bau und den Stoffwechsel der Zelle. Julius Springer, Berlin 1911.

Emil Abderhalden: Les conceptions nouvelles sur la structure et le métabolisme de la cellule. Revue générale des sciences pures et appliquées. 23. Jahrg., Nr. 3, S. 95. Febr. 1912.

Emil Abderhalden: Synthese der Zellbausteine in Pflanze und Tier. Febr. 1912. Julius Springer, Berlin.

Emil Abderhalden: Lehrbuch der physiologischen Chemie. 1. und 2. Aufl. Urban u. Schwarzenberg, Berlin-Wien. 1906 u. 1909. Hier ist in den Schlußkapiteln „Ausblicke" bereits auf die engen Beziehungen zwischen den Stoffwechselprozessen der Körperzellen und denjenigen der parasitären Zellen (Mikroorganismen) hingewiesen.

Vergleichende Untersuchung der Zusammensetzung der Milch und des Säuglings.

Emil Abderhalden: Die Beziehungen der Zusammensetzung der Asche des Säuglings zu derjenigen der Asche der Milch. Zeitschr. f. physiol. Chem. 26. 1899. S. 498.

— Die Beziehungen der Wachstumsgeschwindigkeit des Säuglings zur Zusammensetzung der Milch beim Kaninchen, bei der Katze und beim Hunde. Zeitschr. f. physiol. Chem. 26. 1899. S. 487.

Emil Abderhalden. Die Beziehungen der Zusammensetzung der Asche des Säuglings zu derjenigen der Asche der Milch beim Meerschweinchen. Zeitschr. f. physiol. Chem. **27.** 1899. S. 356.
— Die Beziehungen der Wachstumsgeschwindigkeit des Säuglings zur Zusammensetzung der Milch beim Hunde, beim Schwein, beim Schaf, bei der Ziege und beim Meerschweinchen. Zeitschr. f. physiol. Chem. **27.** 1899. S. 408 und 594.

Die Verwendung verschiedenartiger Stickstoffquellen durch niedere Organismen.

Emil Abderhalden und Peter Rona: Die Zusammensetzung des „Eiweißes" von Aspergillus niger bei verschiedener Stickstoffquelle. Zeitschr. f. physiol. Chem. **46.** 1905. S. 179.
Emil Abderhalden und Yutaka Teruuchi: Kulturversuche mit Apergillus niger auf einigen Aminosäuren und Polypeptiden. Zeitschr. f. physiol. Chem. **47.** 1906. S. 394.

Untersuchung von Tier- und Pflanzengewebe auf das Vorkommen von proteo- und peptolytischen Fermenten.

1. Zur Technik des Nachweises proteo- und peptolytischer Fermente.

Emil Abderhalden und Alfred Schittenhelm: Über den Nachweis peptolytischer Fermente. Zeitschr. f. physiol. Chem. **60.** 1909. S. 421.
Emil Abderhalden: Notiz zum Nachweis peptolytischer Fermente in Tier- und Pflanzengeweben. Zeitschr. f. physiol. Chem. **66.** 1910. S. 137.
Emil Abderhalden und Hans Pringsheim: Beitrag zur Technik des Nachweises intracellulärer Fermente. Zeitschr. f. physiol. Chem. **65.** 1910. S. 180.
Emil Abderhalden: Die optische Methode und ihre Verwendung bei biologischen Fragestellungen. Handbuch der biochem. Arbeitsmethoden. **5.** 1911. S. 575.

2. Versuche über die Wirkung der peptolytischen Fermente.

Emil Fischer und Emil Abderhalden: Über das Verhalten verschiedener Polypeptide gegen Pankreasferment. Sitzungsberichte der kgl. preußischen Akademie der Wissenschaften X. 1905.

Emil Fischer und Emil Abderhalden: Über das Verhalten verschiedener Polypeptide gegen Pankreassaft und Magensaft. Zeitschr. f. physiol. Chem. **46.** 1905. S. 52.

Emil Fischer und Emil Abderhalden: Über das Verhalten einiger Polypeptide gegen Pankreassaft. Zeitschr. f. physiol. Chem. **51.** 1907. S. 264.

Emil Abderhalden und A. H. Koelker: Die Verwendung optisch-aktiver Polypeptide zur Prüfung der Wirksamkeit proteolytischer Fermente. Zeitschr. f. physiol. Chem. **51.** 1907. S. 294.

Emil Abderhalden und Leonor Michaelis: Der Verlauf der fermentativen Polypeptidspaltung. Zeitschr. f. physiol. Chem. **52.** 1907. S. 326.

Emil Abderhalden und Alfred Gigon: Weiterer Beitrag zur Kenntnis des Verlaufs der fermentativen Polypeptidspaltung. Zeitschr. f. physiol. Chem. **53.** 1907. S. 251.

Emil Abderhalden und A. H. Koelker: Weitere Beiträge zur Kenntnis der fermentativen Polypeptidspaltung. IV. und V. Mitteilung. Zeitschr. f. physiol. Chem. **54.** 1908. S. 363 und **55.** 1908. S. 416.

Emil Abderhalden und Carl Brahm: Zur Kenntnis des Verlaufs der fermentativen Polypeptidspaltung. VI. Mitteilung. Zeitschr. f. physiol. Chem. **57.** 1908. S. 342.

Emil Abderhalden, G. Caemmerer und L. Pincussohn: Zur Kenntnis des Verlaufs der fermentativen Polypeptidspaltung. VII. Mitteilung. Zeitschr. f. physiol. Chem. **59.** 1909. S. 293.

3. Untersuchungen über das Vorkommen der peptolytischen Fermente.

a) in Tier- und Pflanzengewebe.

Emil Abderhalden und Peter Rona: Das Verhalten des Glycyl-l-tryosins im Organismus des Hundes bei subkutaner Einführung. Zeitschr. f. physiol. Chem. **46.** 1905. S. 176.

Emil Abderhalden und Yutaka Teruuchi: Das Verhalten einiger Polypeptide gegen Organextrakte. Zeitschr. f. physiol. Chem. **47.** 1906. S. 466.

Emil Abderhalden und Alfred Schittenhelm: Die Wirkung der proteolytischen Fermente keimender Samen des Weizens und der Lupinen auf Polypeptide. Zeitschr. f. physiol. Chem. **49.** 1906. S. 26.

Emil Abderhalden und Peter Rona: Das Verhalten von Leucyl-phenylalanin, Leucyl-glycyl-glycin und von Alanyl-glycyl-glycin gegen Preßsaft der Leber vom Rinde. Zeitschr. f. physiol. Chem. 49. 1906. S. 31.

Emil Abderhalden und Andrew Hunter: Weitere Beiträge zur Kenntnis der proteolytischen Fermente der tierischen Organe. Zeitschr. f. physiol. Chem. 48. 1906. S. 537.

Emil Abderhalden und Yutaka Teruuchi: Studien über die proteolytische Wirkung der Preßsäfte einiger tierischer Organe sowie des Darmsaftes. Zeitschr. f. physiol. Chem. 49. 1906. S. 1.

Emil Abderhalden und Yutaka Teruuchi: Vergleichende Untersuchungen über einige proteolytische Fermente pflanzlicher Herkunft. Zeitschr. f. physiol. Chem. 49. 1906. S. 21.

Emil Abderhalden und Filippo Lussana: Weitere Versuche über den Abbau von Polypeptiden durch die Preßsäfte von Zellen und Organen. Zeitschr. f. physiol. Chem. 55. 1908. S. 390.

Emil Abderhalden und Auguste Rilliet: Über die Spaltung einiger Polypeptide durch den Preßsaft von Psalliota campestris (Champignon). Zeitschr. f. physiol. chem. 55. 1908. S. 395.

Emil Abderhalden und Dammhahn: Über den Gehalt ungekeimter und gekeimter Samen verschiedener Pflanzenarten an peptolytischen Fermenten. Zeitschr. f. physiol. Chem. 57. 1908. S. 332.

Emil Abderhalden und Hans Pringsheim: Studien über die Spezifizität der peptolytischen Fermente bei verschiedenen Pilzen. Zeitschr. f. physiol. Chem. 59. 1909. S. 249.

Emil Abderhalden und Robert Heise: Über das Vorkommen peptolytischer Fermente bei den Wirbellosen. Zeitschr. f. physiol. Chem. 62. 1909. S. 136.

Emil Abderhalden und Eugen Steinbeck: Weitere Untersuchungen über die Verwendbarkeit des Seidenpeptons zum Nachweis peptolytischer Fermente. Zeitschr. f. physiol. Chem. 68. 1910. S. 312.

Emil Abderhalden: Über den Gehalt von Eingeweidewürmern an peptolytischen Fermenten. Zeitschr. f. physiol. Chem. 74. 1911. S. 409.

Emil Abderhalden und Heinrich Geddert: Darstellung optisch-aktiver Polypeptide aus Racemkörpern. Zeitschr. f. physiol. Chem. **74.** 1911. S. 394.

b) im Blut.

Emil Abderhalden und H. Deetjen: Über den Abbau einiger Polypeptide durch die Blutkörperchen des Pferdes. Zeitschr. f. physiol. Chem. **51.** 1907. S. 334.

Emil Abderhalden und Berthold Oppler: Über das Verhalten einiger Polypeptide gegen Blutplasma und -serum vom Pferde. Zeitschr. f. physiol. Chem. **53.** 1907. S. 294.

Emil Abderhalden und H. Deetjen: Weitere Studien über den Abbau einiger Polypeptide durch die roten Blutkörperchen und die Blutplättchen des Pferdeblutes. Zeitschr. f. physiol. Chem. **53.** 1907. S. 280.

Emil Abderhalden und Peter Rona: Das Verhalten von Blutserum und Harn gegen Glycyl-l-tyrosin unter verschiedenen Bedingungen. Zeitschr. f. physiol. Chem. **53.** 1907. S. 308.

Emil Abderhalden und Wilfred Manwaring: Über den Abbau einiger Polypeptide durch die roten Blutkörperchen und die Blutplättchen des Rinderblutes. Zeitschr. f. physiol. Chem. **55.** 1908. S. 377.

Emil Abderhalden und James Mc. Lester: Über das Verhalten einiger Polypeptide gegen das Plasma des Rinderblutes. Zeitschr. f. physiol. Chem. **55.** 1908. S. 371.

c) im Sputum während der Lösung bei Pneumonie.

Emil Abderhalden: Zur Kenntnis des Vorkommens der peptolytischen Fermente. Zeitschr. f. physiol. Chem. **78.** 1912. S. 344.

4. Prüfung der Wirkungsart der proteo- und peptolytischen Fermente von Tumorzellen und Bakterien.

Emil Abderhalden: Neue Forschungsrichtungen auf dem Gebiete der Störungen des Zellstoffwechsels. Arch. f. wissenschaftl. und praktische Tierheilkunde. **36.** 1910. S. 1.

Emil Abderhalden: Studium über den Stoffwechsel von Geschwulstzellen. Zeitschr. f. Krebsforschung. **9.** 1910. 2. H.

Emil Abderhalden und Peter Rona: Zur Kenntnis der peptolytischen Fermente verschiedenartiger Krebse. Zeitschr. f. physiol. Chem. **60.** 1909. S. 411.

Emil Abderhalden, A. H. Koelker und Florentin Medigreceanu: Zur Kenntnis der peptolytischen Fermente verschiedenartiger Krebse und anderer Tumorarten. II. Mitteilung. Zeitschr. f. physiol. Chem. **62.** 1909. S. 145.

Emil Abderhalden und Florentin Medigreceanu: Zur Kenntnis der peptolytischen Fermente verschiedenartiger Krebse und anderer Tumorarten. Zeitschr. f. physiol. Chem. **66.** 1910. S. 265.

Emil Abderhalden und Ludwig Pincussohn: Zur Kenntnis der peptolytischen Fermente verschiedenartiger Krebse und anderer Tumorarten. Zeitschr. f. physiol. Chem. **66.** 1910. S. 277.

Emil Abderhalden, Ludwig Pincussohn und Adolf Walther: Untersuchungen über die Fermente verschiedener Bakterienarten. Zeitschr. f. physiol. Chem. **68.** 1910. S. 471.

Über die Verwendbarkeit der optischen Methode bei biologischen Fragestellungen.

Technik der Methode.

Emil Abderhalden: Die Anwendung der „optischen Methode" auf dem Gebiete der Immunitätsforschung. Med. Klinik. Jahrg. 1909. Nr. 41.

Emil Abderhalden: Die Anwendung der optischen Methode auf dem Gebiete der Physiologie und Pathologie. Zentralbl. f. Physiol. XXIII. Nr. 25.

Emil Abderhalden: Die optische Methode und ihre Verwendung bei biologischen Fragestellungen. Handbuch der biochemischen Arbeitsmethoden. **5.** 1911. S. 575.

Schutzfermente nach Zufuhr körperfremder Eiweißstoffe und Peptone.

Emil Abderhalden und Ludwig Pincussohn: Über den Gehalt des Kaninchen- und Hundeplasmas an peptolytischen Fermenten unter verschiedenen Bedingungen. I. Mitt. Zeitschr. f. physiol. Chem. **61.** 1909. S. 200.

Emil Abderhalden und Wolfgang Weichardt: Über den Gehalt des Kaninchenserums an peptolytischen Fermenten unter verschiedenen Bedingungen. II. Mitteilung. Zeitschr. f. physiol. Chem. **62.** 1909. S. 120.

Emil Abderhalden und Ludwig Pincussohn: Über den Gehalt des Hundeblutserums an peptolytischen Fermenten unter verschiedenen Bedingungen. III. Mitteilung. Zeitschr. f. physiol. Chem. **62.** 1909. S. 243.

Emil Abderhalden und Ludwig Pincussohn: Serologische Studien mit Hilfe der „optischen Methode". IV. Mitteilung. Zeitschr. f. physiol. Chem. **64.** 1910. S. 100.

Emil Abderhalden und K. B. Immisch: Serologische Studien mit Hilfe der „optischen Methode". V. Mitteilung. Zeitschr. f. physiol. Chem. **64.** 1910. S. 423.

Emil Abderhalden und A. Israel: Serologische Studien mit Hilfe der „optischen Methode". VI. Mit-teilung. Zeitschr. f. physiol. Chem. **64.** 1910. S. 426.

Emil Abderhalden und J. G. Sleeswyk: Serologische Studien mit Hilfe der „optischen Methode". VII. Mitteilung. Zeitschr. f. physiol. Chem. **64.** 1910. S. 427.

Emil Abderhalden und Ludwig Pincussohn: Serologische Studien mit Hilfe der „optischen Methode". IX. Mitteilung. Zeitschr. f. physiol. Chem. **64.** 1910. S. 433.

Emil Abderhalden und Ludwig Pincussohn: Serologische Studien mit Hilfe der „optischen Methode". X. Mitteilung. Zeitschr. f. physiol. Chem. **66.** 1910. S. 88.

Emil Abderhalden und Ludwig Pincussohn: Serologische Studien mit Hilfe der „optischen Methode". XIII. Mitteilung. Zeitschr. f. physiol. Chem. **71.** 1911. S. 110.

Emil Abderhalden und E. Rathsmann: Serologische Studien mit Hilfe der „optischen Methode". XIV. Mitteilung. Zeitschr. f. physiol. Chem. **71.** 1911. S. 367.

Emil Abderhalden und Benomar Schilling: Serologische Studien mit Hilfe der „optischen Methode. XV. Mitteilung. Zeitschr. f. physiol. Chem. **71.** 1911. S. 385.

Emil Abderhalden und Ernst Kämpf: Serologische Studien mit Hilfe der „optischen Methode". XVI. Mitteilung. Zeitschr. f. physiol. Chem. **71.** 1911. S. 421.

Schutzfermente nach Zufuhr körper- und blutfremder Kohlehydrate.

Emil Abderhalden und Carl Brahm: Serologische Studien mit Hilfe der „optischen Methode". VIII. Mitteilung. Zeitschr. f. physiol. Chem. **64.** 1910. S. 429.

Emil Abderhalden und Georg Kapfberger: Serologische Studien mit Hilfe der „optischen Methode". XI. Mitteilung. Parenterale Zufuhr von Kohlehydraten. Zeitschr. f. physiol. Chem. 69. 1910. S. 23.

Anhang.

Emil Abderhalden und Julius Schmid: Bestimmung der Blutmenge mit Hilfe der „optischen Methode". Zeitschr. f. physiol. Chem. 66. 1910. S. 120.

Schutzfermente nach Zufuhr von Fetten.

Emil Abderhalden und Peter Rona: Studien über das Fettspaltungsvermögen des Blutes und Serums des Hundes unter verschiedenen Bedingungen. Zeitschr. f. physiol. Chem. 75. 1911. S. 30.

Emil Abderhalden und Arno Ed. Lampé: Weitere Versuche über das Fettspaltungsvermögen des Blutes und des Plasmas unter verschiedenartigen Bedingungen. Zeitschr. f. physiol. Chem. 78. 1912.

Schutzfermente nach Zufuhr körpereigener, jedoch blutfremder Stoffe.

Nachweis von proteolytischen Fermenten im Blute während der Schwangerschaft.

Emil Abderhalden, R. Freund und Ludwig Pincussohn: Serologische Untersuchungen mit Hilfe der „optischen Methode" während der Schwangerschaft und speziell bei Eklampsie. Praktische Ergebnisse der Geburtshilfe und Gynäkologie. II. Jahrg., II. Abt. 1910. S. 367.

Emil Abderhalden und Miki Kiutsi: Biologische Untersuchungen über Schwangerschaft. Die Diagnose der Schwangerschaft mittels der „optischen Methode" und dem Dialysierverfahren. Zeitschr. f. physiol. Chem. 77. 1912. S. 249.

Übersichten über Probleme der Immunitätsforschung und speziell über Anaphylaxie.

E. Friedberger und Mitarbeiter: Zahlreiche Arbeiten über Anaphylaxie in der Zeitschr. f. Immunitätsforschung und experimentelle Medizin.

E. Friedberger: Die Anaphylaxie mit besonderer Berücksichtigung ihrer Bedeutung für Infektion und Immunität. Deutsche med. Wochenschr. 1911. Nr. 11.

E. Friedberger: Die Anaphylaxie. Fortschritte der Deutsch. Klinik. 2. 1911. S. 619.

E. Friedberger: Über das Wesen und die Bedeutung der Anaphylaxie. Münchener med. Wochenschr. 1910. Nr. 50 und 51.

Ernst Moro: Experimentelle und klinische Überempfindlichkeit (Anaphylaxie). J. F. Bergmann, Wiesbaden. 1910.

Hermann Pfeiffer: Das Problem der Eiweißanaphylaxie. Gustav Fischer, Jena. 1910.

Clemens von Pirquet: Allergie. Julius Springer, Berlin 1910.

Robert Rössle: Fortschritte der Cytotoxinforschung. J. F. Bergmann, Wiesbaden. 1910.

Wolfgang Weichardt: Jahresbericht über die Ergebnisse der Immunitätsforschung. Seit 1906 erscheinend. Ferdinand Enke, Stuttgart. Enthält neben Übersichtsberichten Einzelreferate über alle das Immunitätsgebiet berührenden Arbeiten.

Alfred Schittenhelm: Über Anaphylaxie vom Standpunkt der pathologischen Physiologie und der Klinik. Jahresbericht über die Ergebnisse der Immunitätsforschung. 1910. Ferdinand Enke, Stuttgart.

Edgar Zunz: A propos de l'Anaphylaxie. Bruxelles. 1911.

1. Bruno Bloch und Rudolf Massini: Studien über Immunität und Überempfindlichkeit bei Hyphomyzetenerkrankungen. Zeitschr. f. Hygiene. 63. 1909. S. 68.
2. Gustav von Bunge: Der Kali-, Natron- und Chlorgehalt der Milch, verglichen mit dem anderer Nahrungsmittel und des Gesamtorganismus der Säugetiere. Zeitschr. f. Biol. 10. 1874. S. 295 und 323.
3. Gustav von Bunge: Lehrbuch der Physiologie des Menschen. 2. 1901. S. 103.
4. W. Cramer: On the assimilation of protein introduced parenteraly. Journ. of physiol. 37. 1908. S. 146.
5. P. Esch: Über Harn- und Serumtoxizität bei Eklampsie. Münchener med. Wochenschr. 59. 1912. S. 461.
6. Emil Fischer: Bedeutung der Stereochemie für die Physiologie. Zeitschr. f. physiol. Chem. 26. 1898-99. S. 60.

7. Rupert Franz: Über das Verhalten der Harntoxizität in der Schwangerschaft, Geburt und im Wochenbett. Arch. f. Gynäkol. **96.** 1911. Heft 2.

8. U. Friedemann und S. Isaac: Über Eiweißimmunität und Eiweißstoffwechsel. Zeitschr. f. exper. Path. u. Therap. **1.** 1905. S. 513; **3.** 1906. S. 209 und **4.** 1907. S. 830.

9. G. B. Gruber: Peptolytische Stoffe und Immunstoffe im Blut. Zeitschr. f. Immunitätsforschung und exper. Therap. **7.** 1910. S. 762.

10. Ernst Heilner: Über die Wirkung großer Mengen artfremden Blutserums im Tierkörper nach Zufuhr per os und subkutan. Zeitschr. f. Biol. **50.** 1907. S. 26.

11. Ernst Heilner: Versuch eines indirekten Fermentnachweises (durch Alkoholzufuhr); zugleich ein Beitrag zur Frage der Überempfindlichkeit. Münchner med. Wochenscr. 1908. Nr. 49.

12. Ernst Heilner: Über das Schicksal des subkutan eingeführten Rohrzuckers im Tierkörper und seine Wirkung auf Eiweiß- und Fettstoffwechsel Zeitschr. f. Biol. **61.** 1911. S. 75.

13a. Ernst Heilner: Über die Wirkung künstlich erzeugter physikalischer (osmotischer) Vorgänge im Tierkörper auf den Gesamtstoffumsatz mit Berücksichtigung der Frage von der „Überempfindlichkeit". Zeitschr. f. Biol. **50.** 1908. S. 476.

13. Hertle und Hermann Pfeiffer: Über Anaphylaxie gegen artgleiches blutfremdes Eiweiß. Zeitschr. f. Immunitätsforschung und exper. Therap. **10.** 1911. S. 541.

14. Th. Heyneann: Eine „Reaktion" im Serum Schwangerer, Kreisender und Wöchnerinnen. Arch. f. Gynäk. **90.** 1910. Heft 2.

15. G. Kapsenberg: Studien über Immunität und Zellzerfall. Zeitschr. f. Immunitätsforschung. **12.** 1912. S. 477.

16. Kornel von Körösy: Über parenterale Eiweißzufuhr. Zeitschr. f. physiol. Chem. **62.** 1909. S. 76. **69.** 1909. S. 313.

17. L. Lommel: Über die Zusetzung parenteral eingeführten Eiweißes im Tierkörper. Verhandl. des Kongresses für innere Medizin. **24.** 1907. S. 290 und Arch. f. exper. Path. u. Pharm. **58.** 1908. S. 50.

18. Leonor Michaelis und Peter Rona: Untersuchungen über den parenteralen Eiweißstoffwechsel. Pflügers Arch. für die gesamte Physiologie. **71.** 1908. S. 163; **73** 1908. S. 406; **74.** 1908. S. 578.

19. Carl Oppenheimer: Über das Schicksal der mit Umgehung des Darmkanals eingeführten Eiweißstoffe im Tierkörper. Hofmeisters Beiträge. 4. 1903. S. 263.
20. H. Pfeiffer und S. Mita: Experimentelle Beiträge zur Kenntnis der Eiweiß-Antieiweißreaktion. Zeitschr. f. Immunitätsforschung und exper. Therap. 6. 1910. S. 18.
21. Giacomo Pighini: Über die Bestimmung der enzymatischen Wirkung der Nuclease mittels „optischer Methode". Zeitschr. f. physiol. Chem. 70. 1910-11. S. 85.
22. Gottlieb Salus: Versuche über Serumgiftigkeit und Anaphylaxie. Med. Klinik. Jahrg. 1909. Nr. 14.
23. Heinrich Schlecht: Über experimentelle Eosinophylie nach parenteraler Zufuhr artfremden Eiweißes und über die Beziehungen der Eosinophylie zur Anaphylaxie. Habilitationsschrift F. C. W. Vogel, Leipzig. 1912.
24. Wolfgang Weichardt: Über Syncytiolysine. Hygien. Rundschau. 1903. Nr. 10. Vgl. auch Münchner med. Wochenschr. 1901. Nr. 52 und Deutsche med. Wochenschr. 1902. Nr. 35.
25. Wolfgang Weichardt: Studien über das Wachstum und den Stoffwechsel von Typhus- und Colibacillus und über die Tätigkeit ihrer Fermente. Zentralbl. f. die gesamte Physiol. und Path. des Stoffwechsels. N. F. Jahrg. 5. 1910. S. 131.
26. E. Weinland: Über das Auftreten von Invertin im Blut. Zeitschr. f. Biol. 47. 1907. S. 279.

Verlag von Julius Springer in Berlin.

Im Februar 1912 erschien:

Synthese der Zellbausteine
in Pflanze und Tier
Lösung des Problems der künstlichen
Darstellung der Nahrungsstoffe

Von Professor Dr. **Emil Abderhalden**
Direktor des Physiologischen Institutes der Universität zu Halle a. S.

Preis M. 3,60; in Leinwand gebunden Preis M. 4,40

Im Oktober 1911 erschien:

Neuere Anschauungen über den Bau und den Stoffwechsel der Zelle
Von Prof. Dr. **Emil Abderhalden**

Vortrag, gehalten auf der 94. Jahresversammlung
der Schweizerischen Naturforsch.-Gesellschaft
in Solothurn, 2. August 1911

Preis M. 1,—

Im April 1912 erschien:

Physiologisches Praktikum
Chemische und physikalische Methoden

Von Prof. Dr. **Emil Abderhalden**
Direktor des Physiologischen Institutes der Universität zu Halle a. S.

Mit 271 Figuren im Text.

Preis M. 10,—; in Leinwand gebunden M. 10,80

Zu beziehen durch jede Buchhandlung.

Verlag von Julius Springer in Berlin.

Die chemische Entwicklungserregung des tierischen Eies
(Künstliche Parthenogenese). Von **Jacques Loeb,** Professor der Physiologie an der University of California in Berkeley. Mit 56 Textfiguren. 1909.
Preis M. 9,—; in Leinwand gebunden M. 10,—

Über das Wesen der formativen Reizung. Von **Jacques Loeb,** Professor der Physiologie an der University of California in Berkeley. Vortrag, gehalten auf dem XVI. Internationalen Medizinischen Kongreß in Budapest 1909. Preis M. 1,—

Biochemie. Ein Lehrbuch für Mediziner, Zoologen und Botaniker von Dr. **F. Röhmann,** a. o. Professor an der Universität und Vorsteher der chemischen Abteilung des Physiologischen Instituts zu Breslau. Mit 43 Textfiguren und 1 Tafel. 1908.
In Leinwand gebunden Preis M. 20,—

Die Arzneimittel-Synthese auf Grundlage der Beziehungen zwischen chemischem Aufbau und Wirkung. Für Ärzte, Chemiker und Pharmazeuten. Von Dr. **Sigmund Fränkel,** Dozent für medizinische Chemie an der Wiener Universität. Dritte, umgearbeitete Auflage. 1912.
Preis M. 24,—; in Halbfranz gebunden M. 26,50

Pflanzenphysiologie. Von Dr. **W. Palladin,** Professor an der Universität zu St. Petersburg. Mit 180 Textfiguren. 1911.
Preis M. 8.—; in Leinwand gebunden M. 9,—

Untersuchungen über Aminosäuren, Polypeptide und Proteine. 1899—1906. Von **Emil Fischer.**
Preis M. 16,—; in Leinwand gebunden M. 17,50

Untersuchungen in der Puringruppe. 1882—1906. Von **Emil Fischer.** Preis M. 15,—; in Leinwand gebunden 16,50

Zu beziehen durch jede Buchhandlung.

Verlag von Julius Springer in Berlin.

Untersuchungen über Kohlenhydrate und Fermente.
1884—1908. Von **Emil Fischer**.
Preis M. 22,—; in Leinwand gebunden M. 24,—

Organische Synthese und Biologie. Von **Emil Fischer**. 1908.
Preis M. 1,—

Neuere Erfolge und Probleme der Chemie.
Experimentalvortrag gehalten in Anwesenheit S. M. des Kaisers aus Anlaß der Konstituierung der Kaiser-Wilhelm-Gesellschaft zur Förderung der Wissenschaften am 11. Januar 1911 im Kultusministerium zu Berlin von **Emil Fischer,** Professor an der Universität Berlin. 1911. Preis M. —,80

Physiologie und Pathologie des Mineralstoffwechsels
nebst Tabellen über die Mineralstoffzusammensetzung der menschlichen Nahrungs- und Genußmittel sowie der Mineralbrunnen und -Bäder, Von Dr. **Albert Albu**, Privatdozent für innere Medizin an der Universität zu Berlin, und Dr. **Carl Neuberg,** Privatdozent und chem. Assistent am Pathol. Institut der Universität Berlin. 1906. In Leinwand gebunden Preis M. 7,—

Biologie des Menschen.
Aus den wissenschaftlichen Ergebnissen der Medizin für weitere Kreise dargestellt. Bearbeitet von Dr. Leo Heß, Prof. Dr. Heinrich Joseph, Dr. Albert Müller, Dr. Karl Rudinger, Dr. Paul Saxl, Dr. Max Schacherl. Herausgegeben von Dr. **Paul Saxl** und Dr. **Karl Rudinger**. Mit 62 Textfiguren. 1910.
Preis M. 8,—; in Leinwand gebunden M. 9,40

Vorlesungen über Physiologie.
Von Dr. **M. von Frey,** Professor der Physiologie und Vorstand des Physiologischen Instituts an der Universität Würzburg. Zweite, neubearbeitete Auflage. Mit 80 Textfiguren. 1911.
In Leinwand gebunden Preis M. 11,—

Die Registrierung des Herzschalles.
Graphische Studien von Dr. **Heinrich Gerhartz**, Berlin. Mit 195 Textfiguren. 1911.
Preis M. 8,—; in Leinwand gebunden M. 9,—

Zu beziehen durch jede Buchhandlung.

Verlag von Julius Springer in Berlin.

Elektrophysiologie menschlicher Muskeln. Von Dr. med.
H. Piper, a. o. Professor der Physiologie, Abteilungsvorsteher am Physiologischen Institut der Kgl. Friedrich-Wilhelms-Universität zu Berlin. Mit 65 Abbildungen. 1912.
Preis M. 8,—; in Leinwand geb. Preis M. 8.80

Die elektrische Entartungsreaktion. Klinische und experimentelle Studien über ihre Theorie. Von Dr. **Emil Reiss,** Oberarzt an der Medizinischen Klinik des Städtischen Krankenhauses zu Frankfurt a. M. 1911. Preis M. 4,80; in Leinwand geb. M. 5,60

Der vestibuläre Nystagmus und seine Bedeutung für die neurologische und psychiatrische Diagnostik. Von Prof. Dr. **M. Rosenfeld,** Oberarzt der Psychiatrischen und Nervenklinik zu Straßburg i. E. 1911.
Preis M. 2,40; in Leinwand geb. M. 3,20

Der Einfluß psychischer Vorgänge auf den Körper, insbesondere auf die Blutverteilung. (Aus dem Physiologischen Institut der Universität zu Berlin und dem psychologischen Laboratorium der Nervenklinik der Charité). Von Professor Dr. med. **Ernst Weber,** Oberassistent am Physiologischen Institut der Universität Berlin. Mit 120 Textfiguren. 1910.
Preis M. 14,—; in Halbleder geb. M. 16,—

Die Reizbewegungen der Pflanzen. Von Dr. **Ernst G. Pringsheim,** Privatdozent an der Universität Halle. Mit 96 Abbildungen. 1912. Preis M. 12,—; in Leinwand geb. M. 13,20

Die Variabilität niederer Organismen. Eine deszendenztheoretische Studie. Von **Hans Pringsheim.** 1910.
Preis M. 7,—; in Leinwand geb. M. 8,—

Umwelt und Innenwelt der Tiere. Von **J. von Uexküll,** Dr. med. h. c. 1909. Preis M. 7,—; in Leinwand geb. M. 8,—

Zu beziehen durch jede Buchhandlung.

Verlag von Julius Springer in Berlin.

Im Juni 1911 erschien:

Der Harn
sowie die übrigen Ausscheidungen und Körperflüssigkeiten von Mensch und Tier.

Ihre Untersuchung und Zusammensetzung in normalem und pathologischem Zustande.

Ein Handbuch für Ärzte, Chemiker und Pharmazeuten sowie zum Gebrauch an Landwirtschaftl. Versuchsstationen.

Unter Mitarbeit hervorragender Fachmänner herausgegeben von

Dr. Carl Neuberg,
Universitätsprofessor und Abteilungsvorsteher am Tierphysiologischen Institut der Königl. Landwirtschaftlichen Hochschule Berlin.

1862 S. Großoktav, mit zahlreichen Textfiguren und Tabellen. 1911. Zwei Teile. Preis M. 58,—; in 2 Halblederbände gebunden M. 63,—

Inhaltsübersicht:

Allgemeine Untersuchung des Harns. Von Dr. P. Mayer-Karlsbad.
Die Untersuchung der anorganischen Harnbestandteile (wie der anorganischen Stoffe in den Sekreten). Von Prof. Dr. S. Fränkel-Wien.
Die Untersuchung der organischen, stickstofffreien Substanzen des Harns. Von Prof. Dr. C. Neuberg-Berlin.
Die stickstoffhaltigen Körper des Harns. Von Privatdozent Dr. A. L. Andersen-Kopenhagen.
Der Nachweis von Arznei- und Giftstoffen in Harn, Faeces, Blut usw. Von Geh. Med.-Rat Prof. Dr. A. Heffter-Berlin.
Fermente und Antifermente im Harn. Von Prof. Dr. M. Jacoby-Berlin.
Die mikroskopische Harnuntersuchung. Von Prof. Dr. med. et phil. C. Posner-Berlin.
Harn- und Blutfarbstoffe und deren Chromogene sowie Melanine. Von Prof. Dr. R. v. Zeynek-Prag.
Blut, Lymphe, Transsudate, Exsudate, Eiter, Cysten, Milch und Colostrum (exkl. Farbstoffe). Von Prof. Dr. Ivar Bang-Lund.
Fermente, Antifermente, Antikörper des Blutes. Von Prof. Dr. M. Jacoby-Berlin.
Die mikroskopische Untersuchung des Blutes. Von Dr. A. Pappenheim-Charlottenburg.

Speichel, Mageninhalt, Pankreassaft, Darmsekrete, Galle, Sperma, Prostataflüssigkeit, Sputum, Nasensekret, Tränen, Schweiß und Fisteln der betr. Organe. Von Professor Dr. J. Wohlgemuth-Berlin.
Die chemische Untersuchung der Faeces. Von O. Schumm-Hamburg.
Klinische Untersuchungsmethoden der Faeces. Von Prof. Dr. A. Albu-Berlin.
Kurze Übersicht über die bakteriologische Untersuchung des Harns. Von Prof. Dr. J. Morgenroth-Berlin und Dr. L. Halberstaedter-Charlottenburg.
Die Gase des Organismus und ihre Analyse. Von Prof. Dr. A. Loewy-Berlin.
Calorimetrie. Von Prof. Dr. A. Loewy-Berlin.
Die Anstellung von Stoffwechselversuchen an Mensch und Tier. Von Prof. Dr. W. Caspari-Berlin.
Über die Anwendung der Capillaranalyse bei Harnuntersuchungen. Von Prof. Dr. Friedrich Goppelsroeder-Basel.
Physikalisch-chemische Untersuchung des Harns und der anderen Körperflüssigkeiten. Von Prof. Dr. Fil. Bottazzi-Neapel.
Mikrochemische quantitative Analyse. Von Prof. Dr. S. Fränkel-Wien.

Prospekt mit ausführlichem Inhaltsverzeichnis steht kostenlos zur Verfügung.

Zu beziehen durch jede Buchhandlung.

Verlag von Julius Springer in Berlin.

Biochemisches Handlexikon.

Bearbeitet von

Dr. **H. Altenburg**-Basel, Prof. Dr. **I. Bang**-Lund, Prof. Dr. **K. Bartelt**-Peking, Dr. **Fr. Baum**-Görlitz, Dr. **C. Brahm**-Berlin, Prof. Dr. **W. Cramer**-Edinburgh, Privatdozent Dr. **K. Dieterich**-Helfenberg, Dr. **R. Ditmar**-Graz, Dr. **M. Dohrn**-Berlin, Dr. **H. Einbeck**-Berlin, Prof. Dr. **H. Euler**-Stockholm, Prof. Dr. **E. St. Faust**-Würzburg, Dr. **C. Funk**-Berlin, Prof. Dr. **O. v. Fürth**-Wien, Dr. **O. Gerngroß**-Berlin, Privatdozent Dr. **V. Grafe**-Wien, Hofrat Dr. **O. Hesse**-Feuerbach, Dr. **K. Kautzsch**-Berlin, Prof. Dr. **Fr. Knoop**-Freiburg i. B., Prof. Dr. **R. Kobert**-Rostock, Prof. Dr. **Leimbach**-Heidelberg, Dr. **J. Lundberg**-Stockholm. Prof. Dr. **O. Neubauer**-München, Prof. Dr. **C. Neuberg**-Berlin, Privatdozent Dr. **M. Nierenstein**-Bristol, Prof. Dr. **O. A. Oesterle**-Bern, Prof. Dr. **Th. B. Osborne**-New Haven, Connect., Dr. **L. Pincussohn**-Berlin, Privatdozent Dr. **H. Pringsheim**-Berlin, Dr. **K. Raske**-Berlin, Privatdozent Dr. **B. v. Reinbold**-Koloszvár, Dr. **Br. Rewald**-Berlin, Dr. **A. Rollett**-Schwanheim, Dr. **P. Róna**-Berlin, Prof. Dr. **H. Rupe**-Basel, Privatdozent Dr. **Fr. Samuely**-Freiburg i. B., Dr. **H. Scheibler**-Berlin, Privatdozent Dr. **J. Schmid**-Breslau, Prof. Dr. **J. Schmidt**-Stuttgart, Dr. **E. Schmitz**-Frankfurt a. M., Prof. Dr. **M. Siegfried**-Leipzig, Dr. **E. Strauß**-Frankfurt a. M., Dr. **O. Thiele**-Berlin, Dr. **G. Trier**-Zürich, Prof. Dr. **W. Weichardt**-Erlangen, Prof. Dr. **R. Willstätter**-Zürich, Prof. Dr. **A. Windaus**-Freiburg i. B., Prof. Dr. **E. Winterstein**-Zürich, Dr. **E. Witte**-Berlin, Dr. **G. Zemplén**-Selmeczbánya, Privatdozent Dr. **E. Zunz**-Brüssel.

Herausgegeben von
Professor Dr. Emil Abderhalden,
Direktor des Physiologischen Institutes der Universität Halle a. S.

In sieben Bänden.

I. Band, 1. Hälfte,
enthaltend: Kohlenstoff, Kohlenwasserstoffe, Alkohole der Aliphatischen Reihe, Phenole.
1911. Preis M. 44,—; geb. M. 46,50.

I. Band, 2. Hälfte,
enthaltend: Alkohole der aromatischen Reihe, Aldehyde, Ketone, Säuren, Heterocyklische Verbindungen.
1911. Preis M. 48,—; geb. M. 50,50.

II. Band,
enthaltend: Gummisubstanzen, Hemicellulosen, Pflanzenschleime, Pektinstoffe, Huminsubstanzen, Stärke, Dextrine, Inuline, Cellulosen, Glykogen. Die einfachen Zuckerarten, Stickstoffhaltige Kohlenhydrate, Cyklosen, Glukoside.
1911. Preis M. 44,—; geb. M. 46,50.

III. Band,
enthaltend: Fette, Wachse, Phosphatide, Protagon, Cerebroside, Sterine, Gallensäuren.
1911. Preis M. 20,—; geb. M. 22,50.

IV. Band, 1. Hälfte,
enthaltend: Proteine der Pflanzenwelt, Proteine der Tierwelt, Peptone und Kyrine, Oxydative Abbauprodukte der Proteine, Polypeptide.
1910. Preis M. 14,—.

IV. Band, 2. Hälfte,
enthaltend: Polypeptide, Aminosäuren, Stickstoffhaltige Abkömmlinge des Eiweißes und verwandte Verbindungen, Nucleoproteide, Nucleinsäuren, Purinsubstanzen, Pyrimidinbasen.
1911. Preis M. 54,—; mit der 1. Hälfte zus. geb. M. 71,—.

V. Band,
enthaltend: Alkaloide, Tierische Gifte, Produkte der inneren Sekretion, Antigene, Fermente.
1911. Preis M. 38,—; geb. M. 40,50.

VI. Band,
enthaltend: Farbstoffe der Pflanzen- und der Tierwelt.
1911. Preis M. 22,—; geb. M. 24,50.

VII. Band, 1. Hälfte,
enthaltend: Gerbstoffe, Flechtenstoffe, Saponine, Bitterstoffe, Terpene.
1910. Preis M. 22,—.

VII. Band, 2. Hälfte,
enthaltend: Ätherische Öle, Harze, Harzalkohole, Harzsäuren, Kautschuk.
1912. Preis M. 18,—; mit der 1. Hälfte zus. geb. M. 43,—.

Zu beziehen durch jede Buchhandlung.

MIX
Papier aus verantwortungsvollen Quellen
Paper from responsible sources
FSC® C105338

If you have any concerns about our products,
you can contact us on
ProductSafety@springernature.com

In case Publisher is established outside the EU,
the EU authorized representative is:
**Springer Nature Customer Service Center GmbH
Europaplatz 3, 69115 Heidelberg, Germany**

Printed by Libri Plureos GmbH
in Hamburg, Germany